建筑施工
易发群发事故防控
33讲

刘振亮　杨一伟　李永光　张　燕　主编

中国建筑工业出版社

图书在版编目（CIP）数据

建筑施工易发群发事故防控33讲/刘振亮等主编
. —北京：中国建筑工业出版社，2023.12
ISBN 978-7-112-29037-6

Ⅰ.①建… Ⅱ.①刘… Ⅲ.①建筑施工—工程事故—
事故分析 Ⅳ.①TU714

中国国家版本馆CIP数据核字（2023）第155223号

　　本书以2022年济南市首届建筑施工安全讲师大赛获奖成果为基础组织编写，旨在营造"人人学安全、层层保安全"的安全管理氛围，增强广大建筑企业员工的安全责任意识和风险意识，确保项目施工生产高效、有序推进。内容共7篇，包括：安全管理篇、高处作业吊篮篇、基坑工程篇、脚手架工程篇、施工消防篇、施工机械篇、高处作业与施工现场临时用电篇。对建筑施工安全生产管理水平的提高具有积极的作用。

　　本书可供建筑工程管理人员及广大施工人员阅读使用。

责任编辑：王砾瑶
文字编辑：沈文帅
书籍设计：锋尚设计
责任校对：张　颖
校对整理：董　楠

建筑施工易发群发事故防控 33 讲
刘振亮　杨一伟　李永光　张　燕　主编
*
中国建筑工业出版社出版、发行（北京海淀三里河路9号）
各地新华书店、建筑书店经销
北京锋尚制版有限公司制版
建工社（河北）印刷有限公司印刷
*
开本：787毫米×1092毫米　1/16　印张：17¼　字数：367千字
2024年11月第一版　　2024年11月第一次印刷
定价：70.00元
ISBN 978-7-112-29037-6
（40989）

本书编委会

主　编：刘振亮　杨一伟　李永光　张　燕

副主编：韦安磊　吴　刚

编写人员：

杨雪洁	范　娟	刘世涛	李永明	曹书博	乔海洋	孟海泳	邓小新	董　喆
姜　宁	杨　春	亓文红	周树凯	黄常礼	谭亚武	薛　健	葛　健	田　祎
辛　建	杨允跃	李永奇	王　帅	杨冠杰	吕　灿	王鲁晋	吕晓军	刘琛鑫
常　晗	冯明星	张　威	刘月光	王红刚	陆　顺	文添柱	夏长宇	赵兴叶
刘　博	乔鹏飞	于博洋	卢兵兵	刘　涛	孟　珂	李超龙	宗立威	曹加林
吴晓磊	赵飞翔	滕一霖	薛　辉	王　超	赵德勇	鲍庆振	朱增国	王　涵
李务亭	黄厚鹏	骆祥祯	牛　顺	陈国磊	王恩涛	陈　丽	孙　俏	韩　健
树文韬	王安静	徐祗昶	杨允凤	邢凤永	赵红旭	栾振鹏	孙进峰	马国超
孔祥雁	李镇宇	李雪凤	王丙军	杨树泉	孙　辉	陈科芳	李　峰	陶　峰
郑传龙	李洪竹	赵瑞娜	孙桂霞	宋玉钊	王庆旺	徐　超	高　钦	沈廷伟
杨允龙	李雪廷	杨绪恩	邢凤宝	单金伟	毕东海	梁　浩	武传梅	王高峰
吴亚萍	潘宁宁	梁　恒	刘　鑫	王　军	王沛然	闫佳鑫	王　哲	陈云涛
闫江涛	武　佳	李春光	孙天坤	王怀增	王海超	曾广宇	王宝山	陈　凯
丁翊国	陈小玮	董　望	张　勇	郝习平	张学平	魏传水	胡晓波	徐　超
郝兆腾	杨岱青	王华峰	向　洁	苏士超	肖　亮	宋　飞	成象捷	陈洪影
崔松松	赵自云	桑　园	冯慧民	张金斌	赵孝春	李克然	赵龙辉	马贺运
孙恒琪	唐启航	米　超	郭　淼	李正天	曲宗代	任稷豪	王　鹏	王福展
郭　祥	苏西康	董　琲	刘　润	吕志明	孔德宽	时洪健	段军宇	耿明凯
王明旺	包鹏程	李　虎	李昌书	陈　耀	刘　强	党罗瑞	魏俊花	葛宝宁
赵衍科	张安山	刘顺卿	王兆田	刘书军	安鹏兵	郭力嘉	侯永胜	吕大伟
李洋洋	冯兴利	马　丁	李长群	李永波	孟庆斌	李殿君	郭　亮	徐叶叶
刘相田	崔学磊	郑　凯	刘学梁	毛更雨	孙　罡	韩铁强	常之龙	郭金磊
国立庆	张运动	胡日蒿	李兆明	王延军	杨桂祥	赵仁鹏	黄超一	李　凯
李　鑫	刘保国	郭京奎	黄立超	葛　锋	刘云卿	马　鑫	李　犇	张振湖

王静静　张金磊　郑海涛　邓环宇　王志新　绍鸿源　刘　洋　牟鸿儒　崔　峰
王泽堃　奚传成　朱甲亮　张东范　高寿海　孔祥巍　王文礼　姚钦英　李秋晨
王　红　付　言　周玉鹏　师永青　田广硕　展端云　张　星　张悦胜　夏玉辰
张玉柱　冯承龙　乔　晋　孙　君　杨　雪　王　平　万军伟　祁海超

参编单位：
全国市长研修学院（住房和城乡建设部干部学院）
广联达科技股份有限公司
中国建设工程造价管理协会
济南市工程质量与安全中心
济南市槐荫区工程质量与安全中心
济南市城镇化与村镇建设服务中心
济南中鲁建设工程有限公司
济南固德建筑加固工程有限公司
山东天齐置业集团股份有限公司
中建八局第一建设有限公司
中建八局第二建设有限公司

前　言

    安全无小事，安全大于天。安全生产事关人民群众生命财产安全，事关改革发展稳定大局。近年来，随着我国安全生产相关制度的逐步健全、责任链条的日益清晰和监管能力的不断提升，我们的安全生产管理取得了一定的成就，自 2019 年以来，连续三年实现全国特大事故数量持续下降，在看到成绩的同时，我们也要清醒认识到，安全生产只有起点没有终点。当前，我们仍处在工业化进程中爬坡过坎的特殊时期，安全生产形势依然严峻，特别是建筑施工领域，人员流动性大、劳务用工不规范、分包关系界面不清、以包代管、安全技术交底和培训教育流于形式等问题屡见不鲜，事故隐患还没有得到根本遏制，各类风险、各种隐患交织叠加，随处可见、随手可抓。党的十八大以来，以习近平同志为核心的党中央始终把人民生命安全放在首位，高度重视安全生产工作，强调"安全生产是民生大事，一丝一毫不能放松，要以对人民极端负责的精神抓好安全生产工作"。党的二十大报告明确提出"建设更高水平的平安中国，以新安全格局保障新发展格局""坚持安全第一、预防为主"。筑牢安全生产防线，建设百姓宜居工程，推动建筑业高质量发展，是我们每一个建筑人应尽的责任和使命。

    发展决不能以牺牲人的生命为代价，这必须作为一条不可逾越的红线。"不要带血的 GDP""不要带血的财政收入"。要想推动建筑业高质量发展，首先需要守住的就是安全这根红线，国家搞建设、谋发展，最终目的不是创造多少 GDP、上多少项目、盖多少高楼大厦，而是让人民过上更加幸福美好的生活。建筑业作为劳动密集型行业，面临着作业环境"危、繁、脏、重"，作业工人老龄化严重，劳务用工人员文化水平低下等安全问题，如何正确识别施工现场存在的重大安全隐患、优化施工现场的安全生产技术设施和机械设备、提升劳务作业工人的安全管理意识，有效化解防范不安全行为带来的不利影响，对建筑业的高质量安全健康发展至关重要。

为快速提升施工现场隐患排查效率，减少建筑施工易发事故发生，有效遏制安全生产事故发生，坚决杜绝建筑施工群死群伤事故，作者结合工作实际，吸收了一线施工人员在易发群发事故管控工作中的点滴智慧和创新积累，总结了大量施工企业安全管控做法，归纳了当前建筑行业安全管理的部分先进经验，撰写了本书。

　　本书内容丰富，包含了安全管理、高处作业吊篮、基坑工程、脚手架工程、施工消防、施工机械、高处作业与施工现场临时用电 7 个方面内容。内容精炼，言简意赅，具有很强的实用性和指导性。

　　本书可供建设、施工、监理单位管理人员及广大施工人员阅读，也可作为大专院校建筑工程、工程管理及相关安全管理专业的教材。

　　本书在编写过程中，借鉴了不少行业人士的管理经验，吸取了大量从业人员的宝贵意见和建议，在此表示衷心感谢！由于时间仓促，编者水平有限，难免有不妥之处，敬请批评指正！

目　录

基坑工程篇

脚手架工程篇

施工消防篇

施工机械篇

高处作业与施工现场临时用电篇

安全管理篇

第 **1** 讲 安全管理的思路与"误区"

长期以来，建筑业一直是危险性高、事故多发的行业之一。尽管近年来我国建筑业安全生产呈现总体稳定持续好转的发展态势，但是由于现有安全管理人员和施工队伍专业素质偏低等原因，建筑施工安全形势依然严峻。作为安全员，肩负着施工现场安全管理的重要职责，在建筑安全施工中发挥着至关重要的作用。如何把安全管理工作做好，是值得探索的问题。如今的安全管理不再是之前单打独斗式的管理，而是多部门协调、联动的管理。人多的地方必然会有矛盾，必然会有种种阻碍工作开展的误区，我们不能只把目光局限于走好眼下的路，做好眼前的事，更要知道下一阶段工作如何开展。安全管理工作最重要的不是熟读多少强制性标准，不是做过多少大项目，而是要有清晰的安全管理思路，防患于未然。

1.1 制定制度

1.1.1 制定标准及管理过程制度化、正规化

无规矩不成方圆。无标准难成大事。为什么要定标准？以动火作业为例，将动火作业标准及流程总结为以下三点：

（1）动火前线上、线下申请，作业前拍照。动火许可证的签发人收到动火申请后，必须前往现场查验并确认动火作业的防火措施落实后，方可签发动火许可证。动火作业审批如图 1.1-1 所示。

（2）动火作业应配备灭火器材、临时消防系统、消火栓。高空焊接作业必须设置接火盆，作业区正下方及周围 10m 范围内应清除可燃物，验收合格后方可作业，动火作业过程中灭火器材配备如图 1.1-2 所示。

（3）动火作业后应清理现场，熄灭余火，切断电源，确保现场无残留火种后方可离开。

当然，不只是动火作业、临时用电作业、塔式起重机顶升、升降机加节等也是如此，我们要做的，是把管理过程制度化、正规化。

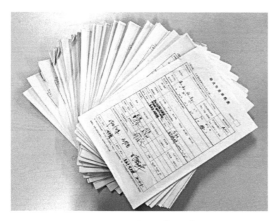

图 1.1-1　动火作业审批

图 1.1-2　动火作业过程中灭火器材配备

1.1.2　制定自我管理制度

要制定恪守底线，灵活变通双管齐下的管理制度。坚守职业底线，秉承对项目负责的宗旨，不做突破安全红线的"老好人"。比如消防水上作业面，能一步到位肯定是最好的，但是如果消火栓箱缺失，或者破损了，我们如何保证消防用水？我们的底线是消防水与作业面同步，并且在发生险情的时候可以使用。

办法有很多种，安全管理不是不能变通，而是在守住底线的基础上，对工作技巧进行灵活变通，做个有底线的好人，做一个有温度的安全从业者。建立安全理念，建立安全第一的哲学观念。安全与生产、安全与效益是一个整体，当发生矛盾时，必须坚持安全第一的原则。

1.1.3　安全管理不能只说"不"

安全管理不是一味地否定，也不是一味地发现问题而不去追踪解决，安全管理不仅要发现问题，还要能解决问题。出现问题时，定点整改一定是最快的解决办法，但绝不是最有效的解决办法。此时最重要的，应该是排查现场有多少这样的部位，再次遇到了要怎么处理，因为即使这次整改了，却没有解决的办法，下次依然可能出现同样的隐患。

一名合格的安全管理人员，既要能作问题的发现者，也要能作问题的解决者。现场遇到问题，由技术部门编制方案并进行方案交底、实施前进行安全技术交底、过程中安全监督、最后联合验收。安全管理并不缺少发现问题的从业者，更多的是缺少解决问题的管理者。

1.2 进场验收及整改验收

1.2.1 进场验收

对进入施工现场的材料、构配件、设备等按相关要求进行检验，对产品达到合格与否做出确认，如消防器材进场验收（图 1.2-1），小型机械进场验收（图 1.2-2）。以达到事前控制、源头治理、预防为主的目的。验收要严格按照进场验收规范标准严格执行，严禁降低标准。

有人认为，小型机械设备进场验收主要责任人是专业工程师，安全部只是监督岗，我们不用太关注。虽然专业工程师是所管辖区域的安全生产第一责任人，但是受限于工期压力以及自身安全知识的匮乏，他们对机械设备的进场验收不一定能做到面面俱到，往往就是这些小的隐患，轻则造成机械短路跳闸，重则人员伤害。因此我们对这一点一定要有足够的警醒。

图 1.2-1　消防器材进场验收

图 1.2-2　小型机械进场验收

1.2.2 整改验收

整改验收主要是过程验收，现在常见的做法就是整改完成后，由劳务或者工长拍照进行整改回复，安全部通过照片确认整改情况。这样做虽提高了工作效率，但关键的节点还是需要我们自身去判断整改完成情况，否则下次检查，同样的部位、同样的问题还是会出现，整改验收如图 1.2-3 所示。

图 1.2-3   整改验收

当然安全管理绝对不是事无巨细、凡事亲力亲为的。安全管理必然会有做得不到位的地方。但是原则问题、底线问题，一定要够扎实。

1.3   安全管理工作中的沟通方法及沟通误区

1.3.1   有效沟通，杜绝朝令夕改

沟通的好坏，其实很大程度决定了整改是否到位。结合"五定原则"来讲，即：定责任人、定整改措施、定完成时间、定完成人、定验收人。比如现场管理人员拍张照片发到群里，然后督促劳务进行整改，两天后复查，结果多半是"未落实整改"。如果提前把整改措施、完成时间、责任人、处罚手段等都明确了，并且进行督促，那么至少能完成 80%，并且是符合要求的 80%。

其实大部分劳务现场是没做到位的，是需要整改的，他们怕的是什么呢？怕的是反复整改，每一次都没有提出具体的整改措施，朝令夕改，这样对工作推动其实非常不利。

1.3.2   过程跟踪，定期督促，长效沟通

当前部分项目存在名为"交作业"式的管理，何谓"交作业"？例如"行为安全之星"观察和"班前教育"。"行为安全之星"观察每周各岗位均有发卡计划，常见的做法是每周例会上进行督促。

对于"班前教育"，每天晚上提醒第二天早班值班人员，对于"行为安全之星"观

察，每日进行督促提醒，是最行之有效的管理举措，也是我们应尽的管理职责。安全管理不是布置作业，安排下去了就能按时完成，过程中一定要跟踪、沟通、督促。如此才能确保工作保质保量完成，确保各岗位履职尽责。

1.3.3 口头沟通与纸质资料的对比

口头管理具备优势，每天督促也有成效；纸质资料更行之有效，留存管理痕迹。在沟通工作中要书面沟通与口头沟通并举，规范与效率共存。

1.3.4 沟通讲求方法，结果兼顾各方

在现场，一定出现过部门间起争执的情况，甚至严重一点的，部门间会产生相互对立，其实这都是通过各种小事一点点积累起来的。例如安全部和工程部，早上安排现场两台塔式起重机同时顶升，下午召开表彰大会，如此做法相当于把1天的时间浪费了，劳务的工期压力就全部来到了工程部。长此以往，两个部门间肯定会产生巨大的矛盾。

塔式起重机不能不顶升，可以和工程部提前沟通，先顶不急用的，后顶急用的，在下班前进行。表彰大会召开得意义重大，可以让工友们提前半小时下班，在讲评台上好好给大家做一下总结教育和应急演练。

安全与生产并不冲突，管安全绝不是只管安全，脱离现场实际。而是要在沟通中兼顾各方利益，在各部门之间进行衔接协调，避免因沟通不当产生矛盾，沟通是门艺术，"以安全，促生产"是每位安全管理从业者的必修课。

1.4 内业工作要点与误区

现今的安全管理不再是多年前的安全管理；不再是重现场，轻内业甚至是不要内业，很多人依旧认为安全管理是干出来的，而资料就是为了应付检查，这是一个很大的误区。

如果安全管理的过程管理占50%，那内业资料，绝对占剩下的50%。我们不能片面地认为现场是干出来的，不是写在纸上的。

相信大家都曾有过这样的无力感，现场工人未佩戴安全帽。口头提醒数次，交底、教育也做到位了，但是这名工人还是因为不戴安全帽发生了事故。主管部门来现场复

查，首要做的就是封存档案，查安全管理的过程痕迹。如何去佐证交底、教育是否做到位，靠的就是内业资料。同一件事情，进场教育说了、班前教育提了、月度教育讲了、安全交底也做了，那现场一定是安全可控的。

现在每天班前教育提的"我安全，你安全，安全在中建"，绝对不仅仅只是一句口号，更应该把它融入到我们的日常管理工作中来，融入到内业资料中来。

1.5　安全管理中的工作思路及指导思想

1.5.1　管理思路

安全管理最重要的是要有清晰的管理思路，知道遇到问题应该怎么去处理。

如果刚接手一个项目，现场存在大量的问题：高处作业临边缺失，开关箱不符合一机一闸一箱一漏，动火作业没有配备灭火器材等，短时间不可能铺开来进行整改。此时以高处作业为抓手，通过2~3周的时间，反复地给劳务立规矩、定标准，不断地整改，逐步提高。然后以临时用电专项、消防专项、库房专项等为重点，围点打援，逐个击破。让现场的安全管理出现质的提升。

当然，绝对不是说安全管理只要有管理思路就够了，而管理思路是否清晰，是靠丰富的理论知识作为支撑的。是否具备令行禁止的管理魄力，是靠大量的现场实践经验作为依托的。因此安全管理的管理经验、规范标准、管理思路缺一不可。

1.5.2　精细化管理

（1）高空作业平台"3210"（图1.5-1），也就是三牌、两证、一验收、零容忍，高空作业平台管理举措一目了然。

（2）一站式服务窗口（图1.5-2），工人进场清晰明确，安全教育效果好，效率高。

（3）电缆线挂架，低成本，高周转，解决作业面电缆挂设问题，如图1.5-3所示。

（4）信号工实操区（图1.5-4）。

这些做法既美观，又实用，极大地提高了安全管理的管控水平。现今的安全管理对精细化管控要求越来越高，不再是以前粗放式的管理，更多的是从各种细节中体现出我们的管理动作，根据现场实际情况逐步改进适应。

图 1.5-1　高空作业平台"3210"

图 1.5-2　一站式服务窗口

图 1.5-3　电缆线挂架

图 1.5-4　信号工实操区

1.5.3　安全管理的态度

为何现场的工作都开展了，但仍会出现各种各样不到位的地方。慢慢地发现，是因为工作落实得还不够扎实，浮于表面，一直想的都是不要缺项，却从不考虑完成质量。安全管理的底线管理很重要，但是绝不能只停留在底线，不能只打 60 分，更应该往 80 分、90 分，甚至是向 100 分去努力。我们对劳务都是高标准，严要求，不能到自己这就放松了。

安全管理绝不应该躺在功劳簿上，坐吃山空。

崇严尚实，不驰于空想；循理求实，不骛于虚声；厚德务实，不浮于表象。

尚实、求实、务实，对安全管理来说真的很重要，安全管理不应该是飘在天上的东西，而应该是接地气的事情。

1.6   领导力建设

安全管理一定是自上而下的。许多年前，我们一直强调安全管理想做好，一定要提升工人的安全意识，但是这几年慢慢地出现了另一种声音，即把领导的安全意识提高。现在说得最多的是安全生产、齐抓共管；一岗双责，人人管安全；其次是，管行业必须管安全、管业务必须管安全、管生产经营必须管安全。安全管理从源头治理的源头指的是什么，就是公司领导班子。领导班子重视了，各业务口就会重视，就会影响每个项目经理，继而影响项目部管理人员，不断地采取各种管理措施，一步步地提高各岗位对安全管理的重视程度。

第**2**讲 如何做好施工现场危险作业审批管理

危险作业许可管理是企业保证安全施工的重要手段,合理有效的危险作业许可管理可以规范生产作业安全管理,加强危险作业过程控制,有效防范各类事故的发生。要了解危险作业许可管理在工程项目施工中的重要性,加强作业过程中的危险作业许可的管理。危险作业审批渗透在施工现场的各个生产阶段,危险作业审批是安全管理的重要环节,在安全管理工作中有着十分重要的作用。通过危险作业审批,可以促进人员安全意识,识别、分析与控制高风险作业过程中的危险,防止人的不安全行为。

2.1 危险作业许可的内容

2.1.1 危险作业许可的目的

(1)识别、分析与控制高风险作业过程中的危险;

(2)计划、协调作业区域与邻近区域的作业;

(3)养成按标准作业的良好行为习惯;

(4)减少事故的发生。

2.1.2 危险作业许可的定义

危险作业许可是现行规章制度的补充,本身并不能确保安全,关键是通过落实许可证所确定的工作程序和各项安全措施来确保安全。危险作业许可规定的安全准备措施,只是针对可预见的危险和潜在的危害,但并不代表所有的危险和危害因素都已彻底排除。

根据 HSE 管理体系与 PDCA 模式,引入危险作业许可管理,危险作业许可识别、分析和控制特殊作业过程中的危险,将可能存在的风险做详尽评估,做好各方面的安全措施,进行审查及现场分析确认,对整个过程形成有效闭环管理,最后将风险控制在可承受范围之内,所以危险作业许可不是"开工证",是针对现场的风险,时刻保持"有效"的现场安全措施已落实的确认书!

2.1.3 危险作业许可范围及种类

危险作业许可是一系列标准，包括一个大许可和若干个专项许可。危险作业种类包括受限空间内作业、电梯井内施工作业、防护设施拆除作业、脚手架拆除作业、建（构）筑物拆除作业、起重吊装作业（采用非常规起重设备、方法，且单件起吊重量在100kN 及以上的起重吊装作业；超大超长的异形吊物起重吊装作业；流动式起重机械吊装作业）、起重机械安装、拆除及顶升作业、动火作业、爆破等。危险作业许可分类及管理要求如表 2.1-1 所示。

危险作业许可分类及管理要求　　　　　　　　　　表 2.1-1

序号	危险作业种类	管理要求	审批人	工作文件
1	有限空间内作业	作业前和作业过程中，对有毒、有害气体进行检测监控，配备劳动防护用品、安排监护人	项目生产经理（若未设置生产经理时，则由项目总工审批）	危险作业审批表、线上危险作业审批程序
2	电梯井内施工作业	配置劳动防护用品、设置警戒区域、安排监护人		
3	防护设施拆除作业	采取临时防护或加固补救措施、配备劳防用品、设置警戒区域、安排监护人		
4	脚手架拆除作业			
5	建（构）筑物拆除作业			
6	起重吊装作业（采用非常规起重设备、方法，且单件起吊重量在100kN 及以上的起重吊装作业；超大超长的异形吊物起重吊装作业；流动式起重机械吊装作业）	设置警戒区域、专人指挥		
7	起重机械安装、拆除及顶升作业			
8	动火作业	配备劳动防护用品、灭火器、接火斗或采取防火隔离措施，安排监护人	具体要求见动火管理	
9	爆破	设置警戒区域，安排监护人	项目经理审批并报公安部门审批	按公安部门规定执行

2.2 危险作业审批管理的方法

2.2.1 危险作业许可管理流程

危险作业现场情况复杂，存在较大的风险，易发生事故，所以危险作业实施前，必须提交危险作业许可，通过严格的管理流程加强作业过程的安全监督，预防各类事故发生。危险作业许可审批流程如图 2.2-1 所示。

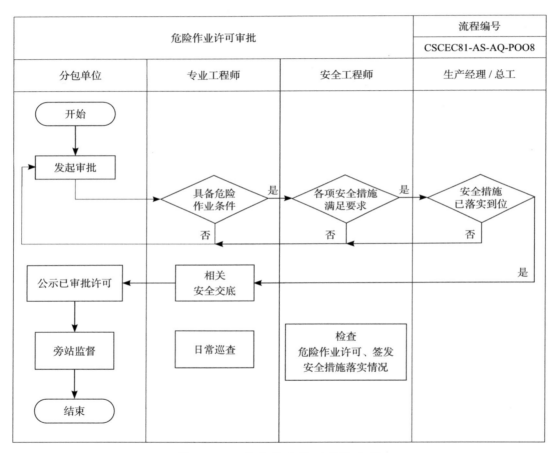

图 2.2-1　危险作业许可审批流程

2.2.2 危险作业许可失效情形

危险作业许可有效时限最长不超过 24h。发生以下情况，则危险作业许可立即失效：

（1）现场条件发生变化，作业许可中的管控措施无法有效控制；

（2）主要作业人员及主要工作内容发生变化；

（3）危险作业区域扩大或危险作业许可时间延长；

（4）发生险情需要撤离。

作业许可失效后，不得恢复停止的相关作业，作业许可申请人须重新申请新的作业许可。

2.2.3　各类危险作业许可管理方法

（1）动火作业定义：

《危险化学品企业特殊作业安全规范》GB 30871—2022 中规定，动火作业是指在直接或间接产生明火的工艺设备以外的禁火区内从事可能产生火焰、火花或炽热表面的非常规作业。

（2）动火作业要求：

动火作业必须实行三级动火管理，动火作业必须做到"四不动火"，即没有签发动火证不动火；没有防火措施或动火措施未落实不动火；没有动火监护人不动火；动火部位、时间与动火证不符不动火。三级动火管理要求如表 2.2-1 所示。

三级动火管理要求　　　　　　　　　　　　　　　表 2.2-1

动火级别	动火范围	申请人	申请时间	批准人员	有效期	备注
一级动火	1. 禁火区域内； 2. 油罐、油箱、储存过可燃气体、易燃液体的容器以及连接在一起的辅助设备； 3. 各种受压设备； 4. 危险性较大的登高焊、割作业； 5. 比较密封的室内、容器内、地下室内等场所动火作业； 6. 现场堆有大量可燃和易燃物质的场所动火作业	项目经理	动火前7天	二级单位生产副经理	1天	当地消防部门有规定时执行当地规定
二级动火	1. 在具有一定危险因素的非禁火区域内进行临时焊接等作业； 2. 小型油箱及登高焊、割作业	分包单位负责人	动火前2天	项目总工审核、项目经理批准	1天	
三级动火	在非固定、无明显危险因素的场所进行动火作业	班组长	动火前1天	生产经理/总工	1天	

（3）动火作业注意事项：

1）动火作业必须提前办理动火许可证，动火许可证审批人员在收到动火申请后，应前往现场查验现场实际情况与动火许可证申请上的描述是否相符，确认动火作业的消防措施是否落实到位，在保证上述条件完全满足动火要求的情况下，批准人方可签发动火许可证，并将现场验证情况填写在动火许可证上；

2）动火许可证一式两份，一份由动火人随身携带，一份由项目安全总监（安全负责人）留存，并依照动火许可证上的有关要求实施现场监督；

3）一份动火许可证只在一个动火点动火作业时有效，当动火部位发生变动时，必须重新申请办理动火许可证；动火批准人对随意允许扩大动火范围的行为及由此导致的火灾事故承担责任；

4）动火作业人员应具有相应资格，现场动火作业时应随身携带动火许可证、特种作业操作资格证（复印件）和身份证（复印件）等有效证件；

5）每个动火点均应指派一名专职监护人员对动火作业区域及火花、焊渣等可能溅落的部位进行监护，动火申请人、批准人对未指派专职监护人员的行为及由此导致的火灾事故承担责任；

6）动火作业前，动火批准人员应安排动火申请人，将现场的可燃物进行清理，对一时无法清理或移走的可燃物应采用不燃材料对其进行覆盖或隔离；

7）动火作业后，动火作业人员及专职监护人员应对动火区域及火花、焊渣可能溅落到的区域进行检查，在确认余火完全熄灭再无火灾危险后，方可离开。动火作业审批看火现场见图 2.2-2。

图 2.2-2 动火作业审批看火现场

第 **3** 讲 智能化安全管理

3.1 搭建数字项目管理平台

从公司和项目层面搭建数字项目管理平台，融合安全、技术、质量、生产、劳务等业务系统，实现智能管理一体化。在安全管理业务应用中，数字化手段加强企业对项目的安全监督管理，及时了解各项目安全管理动态，消除项目安全隐患，确保项目安全生产，使企业能够为每一个项目安全管理赋能。智慧建造展厅如图 3.1-1 所示，智慧建造系统示意图如图 3.1-2 所示。

 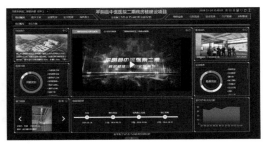

图 3.1-1 智慧建造展厅 图 3.1-2 智慧建造系统示意图

3.2 全员安全生产责任制数字化考核

为落实《安全生产法》规定的"全员安全生产责任制"。依据公司管理手册和管理制度，借助智慧平台应用，制定全员安全生产责任制考核制度和考核指标，根据平台数据统计、分析，更直观、更有针对性地对每位员工进行安全考核，全面落实全员安全生产责任制，安全生产责任制线上考核示意图如图 3.2-1 所示。

图 3.2-1 安全生产责任制线上考核示意图

3.3 风险分级管控和隐患排查

双体系建设以数字项目管理平台为依托，轻量化落地，减轻了工作负担，提高工作效率，化繁为简，大大提升现场安全管理水平，双体系建设平台示意图如图 3.3-1 所示。

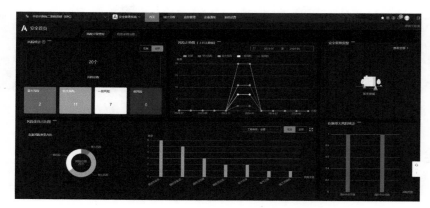

图 3.3-1 双体系建设平台示意图

3.4 智能 AI 视频监控

现场监控实时全覆盖，发现现场人员未佩戴安全帽、未穿反光马甲、烟雾、明火等安全隐患时，联动智能广播可及时警告并能够第一时间推送至相应管理人员立即处置。智能监控还能够自动抓拍上传平台、记录留痕，智能 AI 视频监控平台如图 3.4-1 所示。

图 3.4-1 智能 AI 视频监控平台

3.5 基坑安全监测系统

基坑支护模型上传平台，通过 BIM 集成施工信息数据，通过测量整个工期的基坑安全状态的变化，实时对监测数据分析、报警，及时反映基坑工程的状态，做到防微杜渐，避免事故发生。同时能够通过手机 APP，查看深基坑传感器运行数据，随时随地了解现场情况，采取应对措施，基坑监测系统如图 3.5-1 所示。

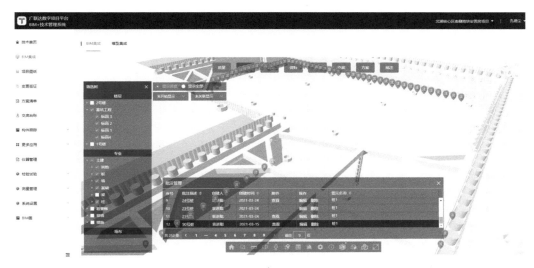

图 3.5-1 基坑监测系统

3.6　人脸识别与自动体温测量

　　通过实名制人脸识别测温系统，实时监测进出人员体温，体温数据与平台实时挂接联动，严格防范不合规人员入场，人脸识别与自动体温测量如图 3.6-1 所示。

图 3.6-1　人脸识别与自动体温测量

3.7　智能烟感

　　安装在会议室、库房、办公室、食堂、宿舍等位置，且实时在线。如遇火情，可以将火情状态第一时间推送至管理人员，与喷淋系统联动，实现快速应对，智能烟感报警系统如图 3.7-1 所示。

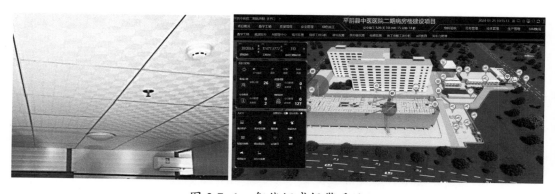

图 3.7-1　智能烟感报警系统

3.8 智能施工电箱监测

配线箱承载着施工现场动力分配及安全防护的功能，但是施工现场存在人员复杂、管控困难的问题，在用电分析及安全防护上经常让安全管理者头疼。日常排查基本靠人工排查的方式，效率低、人力资源要求高，信息的反馈不及时，事故原因难排查一直是顽疾。智能施工电箱监测可以借助各种智能传感器，对现场施工用电箱漏电电流、电缆温度、电能、烟雾检测、开关状态进行检测，并实时通过手机端进行用电提醒，确保用电安全，智能施工电箱监测示意图如图3.8-1所示。

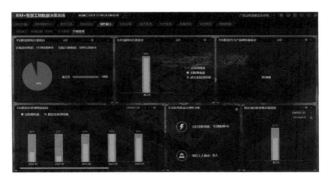

图 3.8-1　智能施工电箱监测示意图

3.9 智能 Wi-Fi 教育

生活区 Wi-Fi 网络全覆盖，工人可以上网答题，题目来自于平台题库，实时更新，工人根据不同工种选择题目进行答题，提高工人安全意识、掌握安全知识，降低违章率。通过平台可以看到在线人数、答题人数、答题通过率以及错题排名，开启项目安全教育的全新工作方式，智能 Wi-Fi 教育示意图如图3.9-1所示。

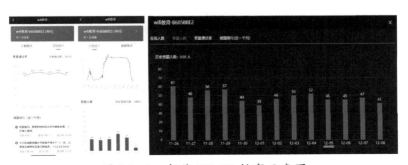

图 3.9-1　智能 Wi-Fi 教育示意图

3.10　塔式起重机智能监测

全方位监测塔式起重机的幅度、高度、回转、载重、力矩、风速、倾角等参数。实时显示各部位运行参数和报警参数。七限位预警、预警信息及时预警。群塔防碰撞预警、报警功能。禁行区和障碍物的预警和报警功能。现场终端可以实时显示塔式起重机运行状态。支持远程监控平台，数据实时传送。确保现场塔式起重机运行安全，塔式起重机智能监测示意图如图 3.10-1 所示。

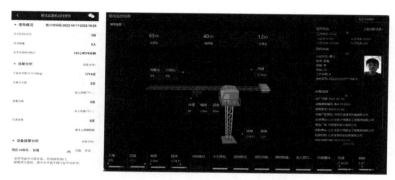

图 3.10-1　塔式起重机智能监测示意图

3.11　施工升降机智能监测

施工升降机智能监测的内容包括驾驶员身份信息验证、载重监测及预警、轿厢倾斜度监测及预警、运行高度监测及预警、门锁状态、升降机装载统计等，并根据实际信息反馈及时做出报警或制动反应，施工升降机智能监测系统示意图如图 3.11-1 所示。

图 3.11-1　施工升降机智能监测系统示意图

3.12 卸料平台智能监测

　　卸料平台智能监测能够通过重量传感器、声光报警装置，远程实时自动监测载物实时重量，增加传统卸料平台的超载保护功能。语音与灯光报警功能，给施工作业人员预警报警，避免因超载而引起的坍塌事故。远程监控平台记录、查询、分析卸料平台进出料记录，从而有针对性地加强安全教育与培训，卸料平台智能监测如图 3.12-1 所示。

图 3.12-1　卸料平台智能监测

第**4**讲 国槐栽植全过程安全管理

4.1 绿化施工

绿化施工是通过改造地形、种植花草树木、营造建筑和布置园路等途径，创造"近自然"环境和游憩境域。

绿化为道路赋予生命力与灵魂，使道路更加律动与自然，而国槐作为绿化施工过程中的行道树、背景林，常常出现在人们日常生活中。国槐枝繁叶茂、树形高大优美，具有很高的观赏价值，很适合作为公园、建筑周围的景观树（图4.1-1），用以观赏纳凉。它还可以作为行道树抵御风沙，以及空气中的二氧化硫、氯气等对人体有害的气体。

图 4.1-1 建筑周围的景观树

4.2 施工特点

1. 施工人员流动性大

因绿化施工为多点、长线施工，施工人员固定性差，在施工过程中战线长、施工人员移动频繁且分散施工（图4.2-1），不便于管理，易出现安全隐患，易导致事故的发生。

图 4.2-1　施工人员移动频繁且分散施工

2. 施工人员年龄跨度大

施工人员的年龄段为 18~60 岁，因绿化施工工作强度相对较低，工序通俗简单，从事绿化施工的人员年龄跨度大，年龄跨度致使人员的安全意识、理解能力各不相同，若在交底时只教授模板知识，有些人很难理解，在施工过程中易造成交底不彻底、施工内容不清晰、危险源辨识不准确等情况，易出现安全隐患从而导致事故的发生。

3. 施工现场封闭性差

绿化施工多为道路修建完毕，道路已通车或半通车状态，现场车辆人员流通密集，施工环境封闭性差（图 4.2-2），易出现安全隐患从而导致事故的发生。

图 4.2-2　施工环境封闭性差

4.3 安全施工

4.3.1 栽植前进场验收、培训交底

1. 进场验收

（1）人员验收：

检查身份证、作业证。

（2）车辆验收：

1）吊车验收：

检查内容包括：①外观整洁，无明显缺失部分。②动力系统使用是否正常。③制动系统是否正常。④吊臂、回杆等转向系统是否正常。⑤灯光系统是否正常。⑥工作装置是否正常，包括：吊车工作系统是否正常，钢丝绳有无磨损、断丝、变形、锈蚀；吊钩、卷筒、滑轮的磨损、裂纹是否达到合格标准；卷筒滑轮是否安装钢丝绳防脱装置。⑦起重吊装作业单位应取得相应资质证书，特种作业人员（操作手）应持证上岗，操作手按规定接受技术交底并留有交底记录。⑧是否设置专门指挥人员。⑨夜间做好相应安全警示措施。⑩严禁使用挖掘机等其他设备代替吊车进行吊装作业。

钢丝绳验收是吊车验收的重中之重，有以下几种情况时钢丝绳必须报废：

①断丝：一捻距内 2 处断丝，断丝数量超过总数的 10%，同一截面断丝数量超过总数量的 5%；

②直径减小：直径减小量超过原直径的 7%，未发现断丝，也应报废；

③直径增大：直径增大量超过原直径的 5%，局部压扁；

④变形：外层"笼"状畸变，纤维芯扭结，变折塑性变形，麻芯脱出；

⑤磨损腐蚀：钢丝径向磨损或腐蚀量超过原直径的 40%，不到 40% 时，可按规定折减断丝数报废。

2）运输车辆验收：

检查内容包括：①驾驶证件齐全；②行前安全检查；③货物绑扎牢固；④严禁车辆超载；⑤严禁疲劳驾驶。

2. 培训交底

（1）三级交底：

1）所有施工人员必须经县级及以上医院体检合格后方可从事相应工作；

2）所有施工人员必须经岗前培训合格后，方可上岗；

3）风速达到 6 级以上，必须停止吊装作业；

4）钢丝绳和被吊物的最大重量必须符合《起重机械安全规程 第 1 部分：总则》GB/T 6067.1—2010 规定的要求；

5）高空吊装作业必须使用专用吊耳及吊带进行吊装，禁止采用其他吊具；

6）吊装大型构件必须设置缆风绳以控制方向；

7）夜间施工，应设置足够的照明；

8）杜绝冒险作业，严格按安全施工操作规程作业；

9）坚持施工队每周一次安全例会，坚持班组每天上班前进行安全短会，并做好相应的图片及文字等安全活动记录；

10）进入施工现场必须佩戴安全帽、穿反光背心，高空作业必须正确系好安全带，一切防护用品及劳保用品必须符合安全标准；

11）作业人员不得带病或带情绪工作；注意休息，禁止疲劳作业；严禁酒后上班；

12）在主要路口、危险区域设置醒目有效的安全标志；

13）吊装作业区域应设置警戒线，并做明显标志，吊装作业时，严禁无关人员进入或通行。

（2）安全术语：

1）三宝：安全帽、安全带、安全网；

2）三违：违章指挥、违章作业、违反劳动纪律；

3）四不伤害：不伤害自己、不伤害他人、不被他人伤害、保护他人不被伤害；

4）四不放过：事故原因分析不清不放过、不采取改正措施不放过、责任人和广大群众不受到教育不放过、与事故有关的领导和责任人不处理不放过；

5）五大伤害：高处坠落、物体打击、触电、机械伤害、坍塌。

（3）安全帽的佩戴方法：

1）使用方法：调内衬，有约束，双手转，不难受，系下颏，不脱落（三字真言：调、转、系）；

2）女生佩戴安全帽应将头发放进帽衬；

3）在现场或其他任何地点，不得将安全帽作为坐垫使用。

（4）吊装作业培训交底：

1）作业前：提交作业审批许可；检查审批人员（司机、指挥、司索）与资质证书是否相符；检查设备资料与保险等是否合格；核查作业位置及作业计划是否符合作业要求。

2）作业时：需将作业计划书、作业区域、危险性评价等放入吊装作业公示牌；设备进场时，进行资料查验，设备限位、后视镜、轮胎、支腿状态确认等；起吊前应进行试吊，试吊中检查全部机具、地锚受力情况，确认正常后方可正式吊装；作业过程中进行地面状况、吊点确认、钢丝绳状态等确认；对相应的作业区域必须拉设警戒线限制通行，并设专人指挥。

（5）吊车司机培训：

吊车司机要做到"三会四懂"，即会操作、会保养、会排查故障；懂性能、懂结构、懂原理、懂用途。

4.3.2　栽植中交通围护、苗木吊装

（1）作业场地选取：

吊装作业前，用小围挡将施工区域和交通过道隔离开，在交通繁忙路段设置交通协管员维持交通秩序，吊车施工区域来车方向分别设置警戒区。

（2）苗木吊装：

1）吊装开始前注意事项：

①仔细检查起重机具保证安全可靠；

②施工人员佩戴安全帽，穿反光背心，到达指定位置，对整个吊装过程进行指挥，安全员到位；

③施工人员按规定的方法和吊点将提前挖掘好的乔木绑扎起吊，绑扣点应在重心位置，绳扣与水平夹角应大于 45°并不小于 60°；

④吊点处应垫麻袋或草绳等物品，防止吊绳滑脱；

⑤苗木附近的操作人员要站在能避让的位置，并将土球上的工具和杂物清除以免掉落伤人；

⑥起吊应先将苗木调离地面 20～30cm，检查吊机以及苗木稳定性，如发现苗木不平稳，应放下重新绑扎，严禁在空中纠正。

2）起吊过程中的注意事项：

①应稳定缓慢起落，避免过急、过猛或突然急刹，回转时不能速度过快；

②苗木未放稳前，不准放下吊钩，如需移动苗木，施工人员用拉绳；

③施工人员与苗木中心距离不能小于乔木冠幅的旋转半径，并注意吊车是否稳定，运输车上等候的施工人员须等到苗木土球降落到施工人员胸部位置时，方能靠近扶持。

3）国槐吊装流程：

国槐绑扎→起吊→稳钩→起升→调整幅度→回转→调整幅度→下降→稳钩→落钩→国槐拆卸。

（3）起重吊装"十不吊"：

1）严禁歪拉斜吊；

2）起重作业严禁超载；

3）吊物绑扎不牢，严禁起吊；

4）指挥信号不明或违章指挥，严禁起吊；

5）吊物边缘锋利无防护措施，严禁起吊；

6）吊物上站人或放置活动物体，严禁起吊；

7）严禁起吊埋在地下的构件；

8）安全装置不齐全或动作不灵敏、失效者，严禁起吊；

9）吊物重量不明、光线阴暗、视线不明，严禁起吊；

10）六级以上大风或大雨、大雪、大雾等恶劣天气，严禁进行起重吊装作业。

4.3.3　栽植后修剪国槐、喷洒农药

1. 修剪国槐

（1）使用前"查"：

抽检安全带是否有裂痕、挂扣是否变形。

（2）使用中"系"：

1）做到高挂低用（降低坠落距离、减少冲击力）。

2）挂在可靠处。

3）绳子严禁打结，钩子挂接环严禁擅自接长使用。

（3）修剪技术交底：

安全交底内容：

1）危险源：高空坠落、物体打击。

控制措施：施工现场设安全领导小组，负责施工过程中人员伤亡事故的控制。

2）在修剪高大乔木时，树木修剪的人员思想上应高度重视安全教育，做到现场管理人员层层监督互相检查，防止事故发生。

3）思想高度集中，严禁嬉笑打闹，高空修剪树木前不准饮酒。

4）施工员、班组长，负责现场安全生产的监督检查，技术指导及宣传教育。

5）劳保设备如安全帽、安全带、反光衣、胶鞋等必须齐备，按规定使用。

6）上树梯子要坚固，立地要稳，单面梯要与树身捆住，人字梯中腰要用绳拴好，角度要适当。

7）上树后必须系好安全带，手锯要将绳套在手腕上。

8）5级以上大风不准上树修剪。

9）截大枝时要有技术熟练的工人指挥操作。

10）行道树修剪要有专人维护现场，树上树下互相配合，防止砸伤行人和过往车辆。

11）应急措施：遇有创伤时不要惊慌，可用毛巾、纱布等立即采取止血措施。如果创伤部位有异物，并不在重要器官附近，可以拔出异物，处理好伤口。如无把握就不

要随便将异物拔掉，应立即送医院。

（4）注意事项：

1）在通行的道路上施工时，应对道路临时进行封闭、安排人员值守，防止人员硬闯；

2）施工时，施工段不宜过长，一般施工一段清理一段，立即恢复交通，再进行下一路段施工；

3）对修剪下来的树枝及时捆扎、及时清运，不得留在人行道或慢车道，以免造成交通事故。

2. 喷洒农药

喷洒农药技术交底：

1）喷洒农药的主要危险源：未做好安全保护措施、缺警示标志、农药中毒等防范措施；

2）打药时必须戴护具，如口罩、手套等；

3）打药时必须要顺风打药，严禁逆风打药，防止中毒；

4）打药时必须要雾状均匀喷洒于植株的茎、叶上；

5）施颗粒药物时应距离树干 1～1.5m，以利于病株吸收，施药后覆土；

6）打药时一定要严格按照药品说明书进行配比，以免产生药害。打完后注意观察药效，药效不太好的可适当加大药物浓度；

7）灌防虫药剂时要注意所用药品的浓度配合比，药品要灌在树坑内；

8）打药时要进行巡视观察，查看药效；

9）阴天、下雨、刮风天气不能打药，要选在天气晴朗的日子进行打药；

10）认真填写用药记录；

11）防病药剂或防虫药剂不可混用，用后药罐必须清洗干净，尤其除草剂用后必须刷罐；

12）药品标签与药品必须相符，无标签严禁使用，过保质期的药品严禁使用；

13）药品必须专人管理，做好出库手续，用后包装要注意回收，以免产生不必要的污染；

14）打完药后，立安全警示标志，防止人员误食中毒；

15）应急措施：

在工作中发生手外伤时，首先采取止血包扎措施。如有断手、断肢应立即捡起，把断手用干净的手绢、毛巾、布片包好，放在没有裂缝的塑料袋或胶皮带内，袋口扎紧，然后在口袋周围放冰块雪糕等降温。做完上述处理后，施救人员立即随伤员把断肢迅速送医院，让医生进行断肢再植手术。骨折时为保证伤员在运送途中安全，防止断骨刺伤周围的神经和血管组织，加重伤员痛苦，对骨折处理的基本原则是尽量不让骨折肢体活动，因此要利用一切可以利用的条件，及时、正确地对骨折做好临时固定，与此同时应将有关信息迅速传递给安全科，传递的内容应包括事故发生的时间、地点、部位（单位）、简要经过、伤亡人数和已采取的应急措施等。

第 **5** 讲　浅谈企业安全文化

5.1　什么是企业安全文化

5.1.1　什么是安全文化

　　单从词语看，安全与文化是两个不同的词语，但从本质上看，安全就是一种文化，是最原始的文化，是人类一切文化的始祖。可以说没有安全就没有人类的发展。

　　从汉字说文解字的角度来看，汉字"安"是个会意字，取女子坐在房中，会平安，安适之意。从文字可以看到在国人观念里，自己平安、家人得到保护是对安全最朴素的定义，汉字"安"的说文解字见图 5.1-1。

| 甲骨文 | 金文 | 小篆 | 楷书 |

图 5.1-1　汉字"安"的说文解字

5.1.2　什么是企业安全文化

　　企业安全文化就是企业安全信念、安全态度、安全情绪以及安全行为的总称，企业安全文化见图 5.1-2。

　　每个企业只要存在安全管理就都有自己的安全文化，只是先进、落后、抽象和具体的程度不同。

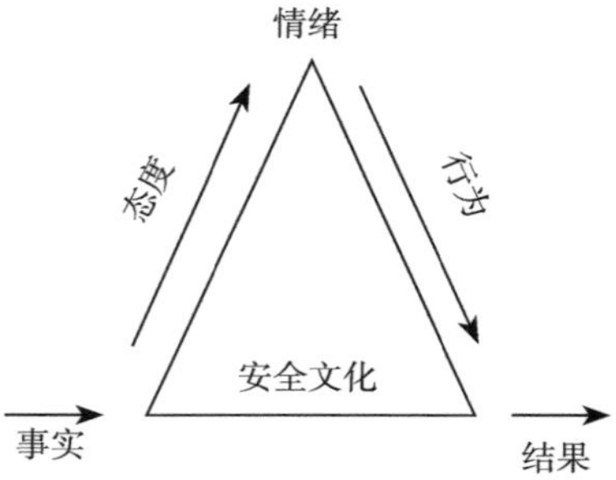

图 5.1-2　企业安全文化

5.1.3　企业安全文化的四种模型

　　常用的企业安全文化模型有四种，如图 5.1-3 所示。其中国内模型有两种，分别是 EESCS "企业安全文化系统建设"和《企业安全文化建设评价准则》AQ/T 9005—2008。国外模型有两种分别是 IAEA 核安全文化和杜邦安全文化。

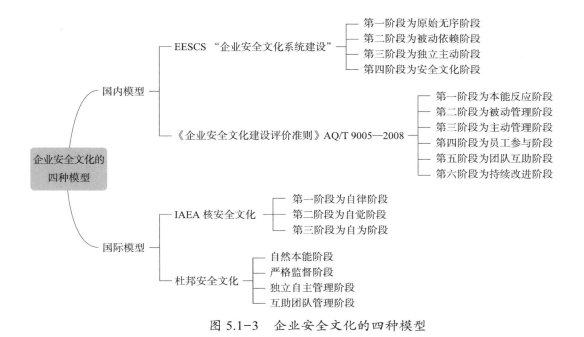

图 5.1-3　企业安全文化的四种模型

国际通常以杜邦安全文化模型（图5.1-4）为样本来分析安全文化，下面我们以杜邦安全文化为例来做一下分析。我们现在很多企业的安全还停留在严格监督阶段，无法达到伤害率趋近于零的目标，只有过渡发展到团队管理阶段，企业的伤害率才能不断趋近于零，这也是我们安全管理的终极目标。

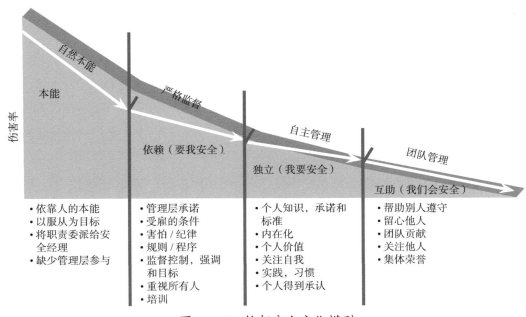

图 5.1-4　杜邦安全文化模型

5.2 为什么要挖掘企业安全文化

5.2.1 导致安全事故的因素分析

通过事故统计发现，人的不安全行为导致的安全事故占所有事故的 96%，因不安全条件导致的事故只占 4%，见图 5.2-1。所以人的管理是安全管理的核心，管理一流企业靠文化，管理二流企业靠制度，管理三流企业靠人。所以企业要挖掘企业安全文化来引导人的安全行为，创造一流安全文化。

图 5.2-1 事故原因分析

5.2.2 建设企业安全文化的意义

当前的技术工法和硬件措施投入还达不到物的本质安全化。安全管理有一定的作用，但是让安全管理者时刻密切监督被管理者是一件不可能的事，这就必然带来安全管理上的疏漏。

被管理者为了省时、省力、省钱等，会在缺乏管理监督的情况下，无视安全规章制度，"冒险"采取不安全行为。不是每一次不安全行为都会导致事故，这进一步强化了不安全行为，并可能"传染"给其他人。大量不安全行为的结果必然是发生事故。

5.2.3 企业安全文化的功能

1. 导向功能

企业安全文化潜移默化地将职工个人目标引导到企业安全目标上来。

2. 凝聚功能

企业安全文化的价值观被该企业成员认同之后，将形成巨大的向心力和凝聚力。

3. 激励功能

企业安全文化力能使企业成员从内心产生一种情绪高昂、奋发进取的效果。对人产生激励作用。

4. 约束功能

与传统的管理理论强调制度硬约束不同，企业安全文化更强调的是软约束，软约束的效果要更好。

5.2.4 优秀的企业安全文化成就优秀的安全绩效

杜邦从 1811 年建立第一套安全准则到 20 世纪 50 年代推出工作外安全方案,随着安全文化的升级,企业安全绩效越来越好,趋近于零,如图 5.2-2 所示。

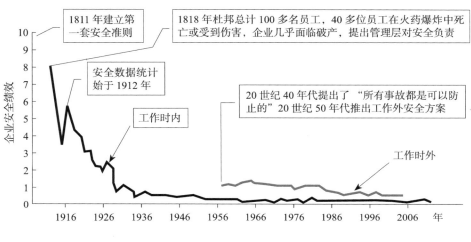

图 5.2-2 杜邦安全文化企业安全绩效

5.3 怎么构建和传播安全文化

5.3.1 树立目标

树立目标,将企业文化发展到自主管理和团队管理阶段。

5.3.2 有关领导

相关领导对安全的态度将决定安全文化构建的成败。

5.3.3 全员参与

全员参与,全员参与才能全员提高,否则会有安全短板效应。

5.3.4 培训宣传

安全文化培训(图 5.3-1)改变安全态度,态度改变才能改变行为。

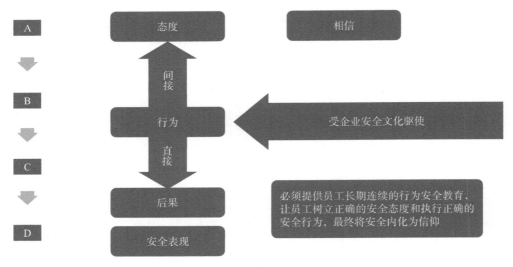

图 5.3-1　安全文化培训

5.3.5　干预改进

态度改变不会一蹴而就，长期干预才能达到目标，干预改进见图 5.3-2。

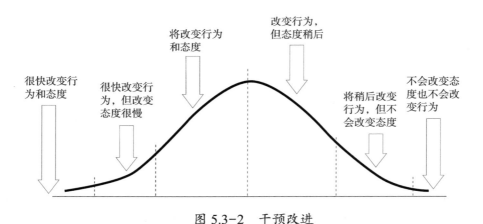

图 5.3-2　干预改进

5.3.6　样板引路，先进的杜邦安全文化

杜邦安全管理的十大基本理论：

（1）所有安全事故是可以防止的；

（2）各级管理层对各自的安全直接负责；

（3）员工的直接参与是关键；

（4）安全是被雇佣的一个条件；

（5）员工必须接受严格的安全培训；

（6）必须进行严格的安全评审和检查；

（7）发现的安全隐患必须立即更正；

（8）各级主管必须进行安全检查；

（9）工作外的安全和工作中的安全同样重要；

（10）良好的安全创造良好的业绩。

第 **6** 讲 《中华人民共和国安全生产法》解读

6.1 《中华人民共和国安全生产法》的修正历程

6.1.1 颁布实施

《中华人民共和国安全生产法》(以下简称《安全生产法》)2002 年 6 月 29 日第九届全国人民代表大会常务委员会第二十八次会议通过，2002 年 11 月 1 日实施。是我国安全生产法治建设中具有里程碑意义的一件大事，标志着我国安全生产管理全面纳入法治化，结束了我国缺少安全生产领域综合执法的历史。

6.1.2 历经三次修订《安全生产法》施行

2021 年 6 月 10 日，第十三届全国人民代表大会常务委员会第二十九次会议通过了《安全生产法》的修改决定，2021 年 9 月 1 日起施行。此次大幅修改，进一步压实了监管部门和生产经营单位的责任，对依法加强安全生产工作，预防和减少生产安全事故，保障人民群众生命财产安全，具有重要法治保障作用。

6.2 新修订的《安全生产法》的亮点

新修订的《安全生产法》将"三个必须"写入法律；强化安全生产意识；构建全员安全责任体系；持续推进安全教育、培训等一系列举措，将"安全生产"推向新高度。

6.2.1 加强体制机制建设

1. 完善安全生产方针和工作机制

新修定的《安全生产法》规定"安全生产工作应当坚持中国共产党的领导"，坚持"安全第一、预防为主、综合治理"的方针，明确要求建立生产经营单位负责、职工参与、政府监管、行业自律、社会监督的机制，进一步明确各方安全生产职责；还规定国务院和县级以上地方人民政府应当建立健全安全生产工作协调机制，及时协调、解决安全生产监督管理中的重大问题。

增加了"安全生产工作坚持中国共产党的领导。"短短一句话，是历史性的、里程碑的重大事件，充分说明了党对安全的重视程度，预示着安全生产问题的根本性转变。

2. 安全发展理念

在原来安全发展的基础上增加了"坚持人民至上、生命至上，把保护人民生命安全摆在首位"。这是一条不可逾越的红线，充分表达了党和国家对于人民生命安全的重视。

6.2.2 健全安全生产责任体系

1. 将"三个必须"写入法律

将"三个必须"写入法律，进一步明确了各方的安全生产责任，建立了完善的责任体系。这是新修订的《安全生产法》最大的亮点，"三个必须"是我们国家安全生产管理体制中分工负责的原则。也就是按照党政同责、一岗双责、齐抓共管、失职追责的原则落实安全管理责任，要求各行业、各领域、各部门及其所有人员都要对自己工作职责范围内的安全生产负责。

2. 明确各级政府部门安全监管职能

新修订的《安全生产法》第十条规定，国务院交通运输、住房和城乡建设、水利、民航等有关部门依照本法和其他有关法律、行政法规的规定，在各自的职责范围内对有关行业、领域的安全生产工作实施监督管理；对新兴行业、领域的安全生产监督管理职责不明确的，由县级以上政府按照业务相近的原则确定监督管理部门。负责安全生产监督管理职责的部门应当相互配合、齐抓共管、信息共享、资源共用，依法加强安全生产监督管理工作。

新修订的《安全生产法》新增第十七条：县级以上各级人民政府应当组织负有安全生产监督管理职责的部门依法编制安全生产权力和责任清单，公开并接受社会监督。

3. 企业的安全生产责任

（1）新修订的《安全生产法》进一步强调了主要负责人安全生产责任的落实，第二十一条明确提出七项职责：

1）建立健全并落实本单位全员安全生产责任制，加强安全生产标准化建设；

2）组织制定并实施本单位安全生产规章制度和操作规程；

3）组织制定并实施本单位安全生产教育和培训计划；

4）保证本单位安全生产投入的有效实施；

5）组织建立并落实安全风险分级管控和隐患排查治理双重预防工作机制，督促、检查本单位的安全生产工作，及时消除生产安全事故隐患；

6）组织制定并实施本单位的生产安全事故应急救援预案；

7）及时、如实报告生产安全事故。

（2）新修订的《安全生产法》首次提出其他负责人对职责范围内的安全生产工作负责。第二十五条明确了生产经营单位的安全生产管理机构和安全生产管理人员应履行的职责。同时首次提出生产经营单位可以设置专职安全生产分管负责人，协助本单位主要负责人履行安全生产管理职责。

4. 建立全员安全生产责任制

（1）新修订的《安全生产法》在所有出现安全生产责任制的地方都增加了"全员"，明确了全员的安全生产责任制，每一个部门、每一个岗位、每一个员工都是安全生产的责任主体，强调企业每一个人都有安全生产法律责任，并且要明确具体的责任和考核标准，对落实情况进行严格监督考核。同时第五十七条在规章制度和操作规程前边增加岗位安全责任。

安全生产人人都是主角，没有旁观者。这次修订新增了全员安全责任制的规定，就是要把生产经营单位全体员工的积极性和创造性调动起来，形成人人关心安全生产、人人提升安全素质、人人遵守规章制度的局面，从而整体上提升安全生产的水平。

（2）安全生产责任不落实是导致许多事故发生的重要原因。

在推动企业主体责任落实方面，坚持"抓准问题、有效督导"的工作思路，瞄准重点行业、重点企业、重大隐患和第一责任人，用好"督促推动"和"教育引导"两个力。此外，在督促推动方面，强化执法，严厉打非治违，严肃事故追责问责，同时，也采取约谈、曝光、明察暗访、联合惩戒等措施。

责任是安全生产工作的"灵魂"，在安全生产工作中起着决定性、主导性的作用。因此我们要全面切实有效的落实企业安全主体责任，做到安全责任到位、安全投入到位、安全培训到位、安全管理到位、应急救援到位，才能有效防范、遏制生产安全事故发生。

6.2.3 措施方法的发展创新

新修订的《安全生产法》充分体现了我国法治建设的发展和创新，提出一些新的有力的措施保障安全生产。

1. 明确资金支持

新修订的《安全生产法》多处提到了安全生产的资金保障措施，在第四条提出企业要"加大对安全生产资金、物资、人员的投入保障力度"，在第八条中要求各级人民政府应加强安全生产基础设施建设和安全生产监管能力建设，所需经费列入本级预算。并要求主要负责人保证本单位安全生产投入的有效实施，以及安全生产费用提取的规定。这样就从制度上、渠道上以及责任方面明确了安全生产的资金来源和保障措施。

2. 高危行业强制保险制度

这次新修订的《安全生产法》最主要的亮点是明确高危行业必须投保安全生产责任保险。保险的保障范围不仅包括本企业的从业人员，还包括第三方的人员伤亡和财产损失，以及相关救援救护、事故鉴定、法律诉讼等费用。最重要的是安全生产责任保险具有事故预防的功能，保险机构必须为投保单位提供事故预防的服务，帮助企业查找风险隐患，提高安全管理水平。因此，投保安全生产责任保险是有效转移风险、及时消除事故损害的一种行之有效的方法。

3. 推进信用体系建设

新修订的《安全生产法》保留了原信用体系的内容，但增加了很多关于该体系的具体要求，如：对失信的惩戒对象从原来的单位扩展到"有关从业人员"，增加对个人的震慑力和惩罚，包括个人罚款和信用惩戒、行业禁入等。对政府部门规定了更加详细的惩戒措施，包括加大执法频次、暂停项目审批、上调有关保险费率、行业或职业禁入等，并要求向社会公示。

强化对违法失信生产经营单位及其有关从业人员的社会监督，提高全社会安全生产诚信水平，使失信的代价数倍增加。

4. 增加心理学和行为科学手段

新修订的《安全生产法》增加了"关注从业人员的生理、心理状况和行为习惯"，提出了"心理疏导和精神慰藉"的要求。

研究表明，在所有的工伤事故中，90% 是由于人的失误造成的，其中心理和行为习惯占了很大比例。所以借助心理学和行为科学手段解决作业人员的相关问题，是减少和避免事故发生最有效的手段。

5. 安全生产新问题的应对

近几年生产安全事故中暴露出来的一些新问题，新修订的《安全生产法》做出了一些有针对性的规定，如第三十六条规定：餐饮等行业的生产经营单位使用燃气的，应当安装可燃气体报警装置，并保障其正常使用。在第四十九条新增：加强对施工项目的安全管理，不得倒卖、出租、出借、挂靠或者以其他形式非法转让施工资质等。

6. 增加危险作业安全要求

新修订的《安全生产法》第四十三条增加了动火、临时用电作业。要求进行危险作业时，应当安排专人进行现场安全管理，确保操作规程的遵守和安全措施的落实。

危险作业也叫特殊作业（如：动火作业、高处作业、吊装作业、受限空间作业等），其特殊在作业的危险性大，作业环境、时间、条件一直在变化，安全管理难度大。

7. 强化事故预防和应急救援制度

新修订的《安全生产法》把加强事前预防和事故应急救援作为一项重要内容。

（1）生产经营单位必须建立生产安全事故隐患排查治理制度，采取技术、管理措施，及时发现并消除事故隐患，并向从业人员通报隐患排查治理情况。

（2）政府有关部门要建立健全重大事故隐患治理督办制度，督促生产经营单位消除重大事故隐患。对未建立隐患排查治理制度、未采取有效措施消除事故隐患的行为，设定了严格的行政处罚。

（3）新修订的《安全生产法》第七十九条明确了各级政府及其部门在应急救援体系中的分工合作，即由国家安全生产应急救援机构统一协调指挥，并建立全国统一的生产安全事故应急救援信息系统，国务院有关部门和县级以上地方人民政府建立健全相关行业、领域、地区的生产安全事故应急救援信息系统，实现互联互通、信息共享。

（4）第八十条新增了"乡镇人民政府和街道办事处，以及开发区、工业园区、港区、风景区等应当制定相应的生产安全事故应急救援预案"。使现行预案体系更加完善。

8. 增加事故整改的评估

新修订的《安全生产法》在第八十六条首次提出，事故调查处理以后整改情况的评估，要求负责事故调查处理的国务院有关部门和地方人民政府应当在批复事故调查报告后一年内，组织有关部门对事故整改和防范措施落实情况进行评估，并及时向社会公开评估结果。对不履行职责导致事故整改和防范措施没有落实的有关单位和人员，应当按照有关规定追究责任。因此，实行事故整改评估，是监督整改实效，防范事故再次发生的有力举措。

9. 突出风险和隐患的管理

新修订的《安全生产法》突出了安全生产中风险和隐患的管理，第四条要求生产经营单位"构建安全风险分级管控和隐患排查双重预防体系"，并在后边的罚则中对未能建立制度和采取管控措施的给予相应处罚。

除了双重预防机制的提出外，还新增了以下内容：

（1）企业隐患的公开

新修订的《安全生产法》突出了企业员工对安全状况和隐患的知情权，第四十一条，要求企业对事故隐患排查治理通过职工大会或职工代表大会、信息公示栏等方式向从业人员通报。有利于采取措施保障自己和他人的安全，消除隐患。

（2）重大隐患报告制度

新修订的《安全生产法》明确重大事故隐患排查治理情况要及时向有关部门报告的规定，不仅要求企业报告，也要求有关部门将重大隐患纳入相关信息系统，使生产经营单位在监管部门和本单位职工的双重监督之下，确保隐患排查治理到位。

10. 严厉的举报制度

新修订的《安全生产法》更加明确举报的处理部门和职责，为防止部门之间的推诿应付，强调如果不是本部门处理的，要移交其他部门。对涉及死亡的应由政府组织核查，显示高度重视的同时，也能避免有些部门人员参与隐瞒事故等。

6.2.4 加大对违法行为的惩处力度

新修订的《安全生产法》号称"最严"的安全生产监管法律。对违法行为的处罚金额更高、执法力度更严、惩戒力度更大。

以前，对初次出现安全生产违法行为的企业，会责令限期改正，根据生产经营单位的具体违法情节、可能造成的危害后果等因素进行综合判断是否立案处罚。

而新修订的《安全生产法》施行后，一旦发现违法行为，在责令限期整改的同时，必须予以行政处罚，且处罚金额更高，对拒不整改的企业将采取停产停业整顿、连续罚、联合罚等手段。

1. 新增处罚事项

新修订的《安全生产法》增加了处罚事项，如第九十七条，未按照规定配备注册安全工程师的；第九十九条，关闭、破坏直接关系生产安全的监控、报警、防护、救生设备、设施，或者篡改、隐瞒、销毁其相关数据、信息的；第一百零一条，对重大危险源未进行定期检测的；第一百零三条，高危行业在施工项目安全管理方面的违法现象；第一百零七条，不落实岗位安全责任的；第一百零九条，高危行业未按照国家规定投保安全生产责任保险的等。

2. 采取联合惩戒方式

新修订的《安全生产法》对安全评价、认证、检测等第三方机构出具虚假报告等严重违法行为，一方面处罚力度大幅度增加；另一方面规定 5 年内不得从事相关工作，情节严重的，实行终身行业和职业禁入。

3. 提高罚款金额

新修订的《安全生产法》对相关违法行为提高了罚款金额。发生特别重大事故，情节特别严重、影响特别恶劣的，应急管理部门可以按照罚款数额的 2 倍以上 5 倍以下，对负有责任的生产经营单位处以罚款，最高可达 1 亿元。

4. 违法行为直接处罚，并增加了按日计罚制度

违法行为发生以后直接罚款，全部是在要求整改的同时，直接处以罚款。而不是以逾期未整改等为前提。被责令改正且受到罚款处罚，拒不改正的，可以责令停产停业整顿，并且可以按日连续计罚，进一步加大了安全生产违法成本。

第**7**讲 从安全管理的角度谈如何实现建筑施工的本质安全

　　近年来,国家和行业对安全生产工作的要求进一步提高,特别是新修订的《安全生产法》自 2021 年 9 月 1 日实施以来,建筑施工企业对安全生产管理工作的重视程度有了很大改善,安全生产管理水平得到了快速提升。但从近几年的事故调查报告和建筑施工安全生产管理现状来看,建筑施工企业安全管理水平仍未实现本质安全。安全管理永远在路上,实现建筑施工的本质安全仍是一线安全生产管理人员不懈的追求。

7.1 什么是建筑施工的本质安全

　　本质安全具体到建筑施工行业,是指在建筑施工现场抓好"人""机""料""法""环"等关键要素,使其处于受控状态。

7.1.1 人的本质安全

　　施工时首先要考虑到对人为因素的控制,因为人是施工过程的主体,工程安全的形成受到所有参加工程施工的项目管理人员、劳务作业人员、其他相关方共同作用,他们是形成工程安全的主要因素。据相关研究证明,在所发生的事故中,人为因素约占 90% 以上。

　　人的本质安全是指与项目建设相关的"人"(特别是一线作业的进城务工人员),要具有适应建筑安全生产要求的生理、心理条件,具有安全的意识、知识、技能,具有在生产全过程中很好地控制各个环节安全运行的能力,具有正确处理生产过程中各种故障及突发意外情况的能力。相关人员要具备这样的能力,首先要提高人的职业道德、职业技能和职业纪律;其次要开展安全教育培训,实现由"要我安全"到"我要安全"的转变。

7.1.2　机械设备的本质安全

机械设备的本质安全也是本质安全最初的含义，是指设备在设计和制造环节上都应具有防误操作和防失误故障的防护功能，以保证设备和系统能够在规定的运转周期内安全、稳定、正常地运行，这是防止事故发生的主要手段。

建筑施工机械设备的本质安全，就是要确保机械设备性能完好，最重要的是设备的型号要满足项目需要（选型正确）并保证安全系数。施工阶段必须综合考虑施工现场条件、建筑结构形式、施工工艺和方法、建筑技术经济等因素，合理选择机械的类型和性能参数，合理使用机械设备，正确进行操作。

7.1.3　材料的本质安全

材料（包括原材料、成品、半成品、构件、配件）是建筑施工的物质条件，材料质量是工程安全的基础。材料的本质安全，要从材料的选用、招标、入场验收、取样复试、保管、使用等各个环节全过程控制。特别是对涉及结构安全、实现使用功能、保障作业人员生命安全的材料，更要狠抓源头的质量治理，严把材料选用、招标考察、入场验收关等，将材料质量管理关口前移，做到事前控制，杜绝不合格材料入场使用。

7.1.4　施工工艺（法）的本质安全

施工过程中的工艺包含整个施工过程中所采取的技术方案、工艺流程、组织措施、检测手段、施工组织设计等。施工工艺可行性、可靠性与否，直接影响建筑施工安全控制能否得以实现。施工工艺的选择要确保施工的安全系数，尽可能选择成熟的工艺。项目技术人员在编制危险性较大的分部分项工程专项施工方案及超过一定规模的危险性较大的分部分项工程专项施工方案时，应严格按照《住房城乡建设部办公厅关于实施〈危险性较大的分部分项工程安全管理规定〉有关问题的通知》（建办质〔2018〕31 号）和《危险性较大的分部分项工程安全管理规定》（住房和城乡建设部令第 37 号）要求履行审批和论证程序，并应积极征求专职安全生产管理人员等意见和建议。

7.1.5　环境的本质安全

这里所说的环境包括空间环境、时间环境、物理化学环境、自然环境和作业现场环境。环境要符合各种规章制度和标准，与施工现场有关的"环境条件"，如空间、温度、湿度、压力、照度、空气质量、辐射、刺激性等都是本质安全。

影响工程安全的环境因素较多，有工程地质、水文、气象、噪声、通风、振动、照明、污染等。环境因素对工程安全的影响具有复杂而多变的特点，如气象条件就变化万千，台风、洪汛、大风、酷暑、严寒、温度都直接影响工程安全，往往前一工序就是后一工序的环境。因此，根据工程特点和具体条件，应对影响安全的环境因素，采取有效的措施严加控制。

7.2　到底是什么导致了生产安全事故的发生

人的不安全行为、物的不安全状态、环境上的不安全条件、管理上的缺陷，是引起事故发生的四个基本要素。那事故发生背后的逻辑是什么呢，到底是什么导致了生产安全事故的发生？让我们先来看看以下几个事故案例：

事故案例 ❶

2019 年 9 月 26 日四川成都市某商业楼西北侧基坑边坡突然发生局部坍塌，将正在绑扎基坑墩柱钢筋的 2 名工人和 1 名管理人员掩埋。事故共造成 3 人死亡。事故现场如图 7.2-1 所示。

图 7.2-1　事故现场

事故调查分析：

事故发生的直接原因：4 号商业楼基坑开挖放坡系数不足且未支护，基坑壁土体在重力和外力作用下发生局部坍塌。

事故发生的间接原因：（1）安全生产主体责任落实不到位，专业分包单位未按深基坑工程施工安全技术规范组织施工，擅自改变施工方案，开挖的基坑放坡不足且未支护，是事故发生的主要原因。（2）深基坑专项施工方案与现场部分临时建筑设施存在冲突，施工现场组织、协调、管理不到位，是事故发生的重要原因。

事故案例 ❷

2015年3月26日，南宁市某施工现场，在建厂房的脚手架发生大面积坍塌，造成3人死亡，3人重伤，7人轻伤。脚手架大面积坍塌事故现场如图7.2-2所示。

图 7.2-2　脚手架大面积坍塌事故现场

事故调查分析：

事故发生的直接原因：外脚手架使用了不合格扣件且未按专项施工方案搭设；施工作业人员违规将拆除的钢管、扣件及脚手板堆放于架体上增加荷载，导致架体失稳坍塌。

事故发生的间接原因：一是施工单位安全生产管理混乱，项目部未认真履行安全教育培训、安全技术交底职责，违规使用未经抽样送检合格的钢管、扣件等材料。二是劳务单位未履行安全教育培训和安全技术交底程序，违规组织外脚手架拆除作业等。

事故案例 ❸

2010年3月14日，贵州省贵阳市某工程发生一起模板支撑体系局部坍塌事故，造成9人死亡，1人重伤。模板支撑体系局部坍塌事故现场如图7.2-3所示。

图 7.2-3 模板支撑体系局部坍塌事故现场

事故调查分析：

事故发生的直接原因：（1）现场搭设的模板支撑体系未按照专项施工方案进行搭设，立杆和横杆间距、步距等不满足要求、扫地杆设置严重不足、水平垂直剪刀撑设置过少。（2）混凝土浇筑方式违反高支模专项施工方案的要求，施工工艺没有按照先浇筑柱，后浇筑梁板的顺序进行，而是采取了同时浇筑的方式。

事故发生的间接原因：（1）施工单位安全生产管理制度不落实、施工现场安全生产管理混乱、盲目赶抢工期、施工人员违规违章作业。（2）监理单位对施工单位梁板柱同时浇筑的违规作业行为，未能及时发现并制止；对施工单位逾期未整改的安全隐患没有及时向建设单位报告。（3）混凝土公司安全教育、安全技术交底不到位，混凝土输送管未单独架设，从内架穿过与架体连为一体，致使高支模荷载增加。（4）劳务公司将公司资质违规转借给无资质的劳务队伍。

事故案例 ❹

2009 年 4 月 7 日，某外墙装饰工程，在对 2 号楼西立面装饰施工过程中，两名工人操作使用的 ZLP800 型作业吊篮从约 11 层楼的高度坠落，致使两名吊篮使用工人当场死亡。吊篮坠落事故现场如图 7.2-4 所示。

图 7.2-4 吊篮坠落事故现场

事故调查分析：

事故发生的直接原因：吊篮没有按照高处作业吊篮国家标准进行安装，吊篮存在 7 处安装错误，后支架插杆装错，配重没有起到作用。

事故发生的间接原因：一是施工单位安全生产管理混乱，对吊篮租赁、安装单位审核把关不严，未按照说明书、方案、交底进行安装。二是吊篮安装未进行履行相关验收手续。

事故案例 ❺

2020 年 10 月 22 日，某施工现场，塔式起重机安装过程中，发生一起较大起重伤害事故，造成 3 名工人死亡，直接经济损失约 480 万元。起重伤害事故现场如图 7.2-5 所示。

图 7.2-5　起重伤害事故现场

事故调查分析：

事故发生的直接原因：（1）塔式起重机第一节上弦杆所用材料力学性能指标不符合标准要求。（2）未按照塔式起重机安装说明书编制施工方案，并且没有按照已审定的方案组织施工，不满足最佳安全高度，增加了作业难度；同时进行配重安装作业和起升钢丝绳作业，并且起升钢丝绳作业未按照安装说明书要求，违章从起重臂后端穿入。

事故发生的间接原因：（1）塔式起重机生产厂家对原材料供应商产品质量审查失管。（2）施工项目管理失管失控，项目负责人在事发当天没有到场对施工活动进行组织管理，作业期间更换安装工人后，未对安装工人进行安全技术交底。（3）监理单位指派没有执业资格的人员参加监理工作。在事故当天，项目监理人员没有对安装人员的身份情况进行审核登记并指定人员旁站监督，没有及时制止已发现的施工违章行为。（4）型式试验检验小组，没有对塔式起重机设备原材料《产品质量证明书》与实际使用原材料不相符的问题严格把关，致使后续批量生产的产品存在质量隐患。

事故案例 ❻

2018 年 6 月 29 日 7 时 30 分许，天津某项目发生一起触电事故，造成 3 名施工人员死亡、1 人受伤，直接经济损失（不含事故罚款）约为 355 万元。

事故调查分析：

事故发生的直接原因：4 名工人搬运的钢筋笼碰撞到无保护接零、重复接地及漏电保护器的配电箱导致钢筋笼带电。

事故发生的间接原因：（1）总承包单位违法分包给自然人韦某，对施工现场缺乏检查巡查，未及时发现和消除发生事故的配电箱存在的多项隐患问题。（2）项目总监理工程师、驻场代表未到岗履职，现场监理人员仅总监代表一人，且同时兼任建设单位的质量专业总监，未履行监理单位职责，在明知该工程未办理建筑工程施工许可证的情况下，没有制止施工单位的施工行为，未将这一情况上报给建设行政主管部门。

从以上事故案例中可以发现：事故的发生均存在安全管理混乱、管理人员未尽职履责现象。终究到底，人的不安全行为、物的不安全状态的背后是安全管理上的缺失。环境上的不安全条件虽为客观存在，但也是可以通过管理、组织或技术上的措施消灭环境上的不安全条件，例如：基坑坍塌多是由于连续暴雨，导致基坑边坡受雨水冲刷导致坍塌，连续暴雨虽为环境上的不安全条件，但完全可以通过加强基坑变形观测、提前进行加固处理、安排专人监护、及时撤离施工人员等管理、组织、技术措施，杜绝伤亡事故的发生。

因此，导致生产安全事故发生的根本原因是管理的缺失，是制度的不健全，归根到底是人员没有尽职履责。

7.3 如何实现建筑施工的本质安全

7.3.1 部分工程施工项目安全管理现状

（1）项目未建立全员安全生产责任制，管理人员不知道自己安全管理职责和责任，认为安全管理只是安全员的事情或者只要与安全沾边的事情都是安全员的事情。

（2）部分施工单位未设置安全生产管理机构或者未配备专职安全生产管理人员，大部分劳务队伍未配备专职安全生产管理人员。

（3）企业和项目以进度为第一，专职安全管理人员薪资待遇低、无晋升空间或者使用非专业人员、兼职人员。

（4）安全管理只存在于总包单位层面，分包单位及班组和工人未参与安全管理落实其安全管理责任。

（5）企业和项目安全教育培训考核、安全技术交底等制度不健全或不落实，管理人员不具备安全管理知识和能力；工人安全意识不强，不知道自己的安全权利和义务，不懂或不知道安全操作规程，违章作业、违章指挥现象普遍。

（6）项目安全管理制度不健全或流于形式、只为应付检查。未建立双重预防体系，日常检查和周检仅仅为了做资料。

（7）项目安全管理未细化，未实施网格化管理，领导带班和跟班制度未落实。

（8）项目未建立安全生产费用提取、使用和监督管理的具体办法或者流于形式，无法保证安全生产费用的足额提取和使用。

（9）项目未建立应急管理机制或流于形式、应急物资不充足、应急演练仅限于拿灭火器灭火，事故和灾害发生后无应急处置能力。

（10）企业资质挂靠现象普遍，项目主要管理人员不具备相应从业资格和相应管理能力；特殊工种无证上岗。事故发生后私了为主，责任人员未受到处理。

7.3.2　实现本质安全的顶层设计——《安全生产法》

《安全生产法》是生产经营单位安全生产的准则，是国家对安全生产领域的顶层设计。

新修订的《安全生产法》把保护人民生命安全摆在首位，进一步强化和落实生产经营单位主体责任，新修订的《安全生产法》进一步明确了：安全生产工作坚持中国共产党的领导、管行业必须管安全、管业务必须管安全、管生产经营必须管安全的原则，并修改新增了全员安全责任制的规定。要求企业根据安全生产法律法规，在生产经营活动中，根据企业岗位的性质、特点和具体工作内容，明确所有层级、各类岗位从业人员的安全生产责任，通过加强教育培训，强化管理考核和严格奖惩等方式，建立起安全生产工作"层层负责，人人有责，各负其责"的工作体系。新修订的《安全生产法》的八大重点内容如图 7.3-1 所示。

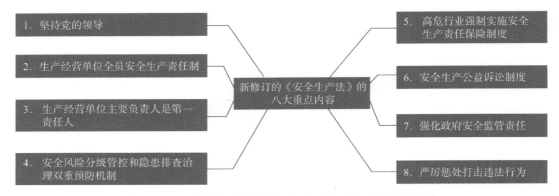

图 7.3-1　新修订的《安全生产法》的八大重点内容

7.3.3　实现本质安全的基本前提——建立健全项目管理组织体系

实现本质安全的基本前提是建立健全项目管理组织体系、完善项目组织机构设置。目前仍存在不少建筑施工企业为节省项目管理费用，不建立完善的项目管理组织体系、配备足够项目管理人员、项目管理人员身兼数职，更有甚者以包代管，转包、违法分包。建筑施工企业应完善项目组织机构设置，配备足量质量、安全监督人员，对全员进行明确分工，做到职责明晰，责任到人。项目管理人员配备不足，最起码的组织体系不能建立，何谈实现本质安全。

7.3.4　实现本质安全的基本前提——保证安全生产费用足额投入

实现本质安全的另一个基本前提是要保证安全生产费用的足额投入，专款专用。安全生产费用投入不足，无法满足施工现场安全管理的需要，必然会导致生产安全事故的发生。建筑施工企业和项目应建立完善的安全生产费用提取和使用管理制度，确保安全生产费用足额投入，专款专用。

7.3.5　实现本质安全的根本手段——建立健全全员安全生产责任制

新修订的《安全生产法》第四条规定，生产经营单位应当建立健全全员安全生产责任制。

"全员安全生产责任制"顾名思义就是全员参与，旨在向企业强调，保证安全生产的顺利进行，已经不是一个部门或者一个人的职责，而是全员配合的结果。上到企业的主要负责人，下到每个作业人员，都要担负相应的安全责任。

建立健全全员安全生产责任制的重要性体现在以下四个方面：（1）只有把安全责

任压实到每一个人，才能促使安全齐抓共管。（2）只有将安全生产责任落实到项目的每一个人，才能建立起安全生产工作"层层负责，人人有责，各负其责"的工作体系。（3）切实建立全员安全生产责任制，每月实施考核，将安全责任进行量化，作为人员晋升的依据。（4）发生事故按照安全责任制进行追责，使施工现场每一个人都能尽职履责。

生产经营单位每一个部门，每一个岗位、每一个员工，都不同程度直接和间接影响着安全生产。这次《安全生产法》修订新增了全员安全责任制的规定，要求企业根据安全生产法律法规，在生产经营活动中，根据企业岗位的性质、特点和具体工作内容，明确所有层级、各类岗位从业人员的安全生产责任，通过加强教育培训，强化管理考核和严格奖惩等方式，建立起安全生产工作"层层负责，人人有责，各负其责"的工作体系。

工程项目开工前，项目部应根据《安全生产法》等有关法律法规、公司安全管理制度和项目实际，建立包含所有岗位的《全员安全生产责任制》和《全员安全生产责任制管理考核制度》，并对全体员工进行宣贯和签字确认，确保上至项目经理，下至作业人员，都能够明确自己的岗位职责和安全管理责任。

项目实施过程中要严格按照《全员安全生产责任制管理考核制度》进行全员安全生产责任制考核，考核可以按照每周、每月、每季度进行，考核应分岗位、工种进行细化、量化考核标准，并进行公示，推优评先，激励后进，可以采取发放奖状、奖品和现金等形式对考核前列的管理人员、班组、作业人员进行表彰和奖励。

考核周期结束，应对《全员安全生产责任制》和《全员安全生产责任制管理考核制度》执行情况进行评价，总结经验和教训，并持续改进。

7.3.6　实现本质安全的基本原则——"管""监"分离

在常规安全监管模式下，对现场安全管理机构既负责安全管理，也负责安全监督，简而言之，就是自己管理、自己监督，"监""管"没有分离。如此一来，安全监管人员在很多情况下，尤其是当生产与安全产生矛盾时，往往不敢严格执行规章制度，对现场存在的隐患、问题只得"睁只眼闭只眼"。这使得安全管理措施往往无法落实，项目潜在风险增大，而经"美化"过的施工环境，安全生产难以有效保证。

项目通过实施管监分离，将"管"和"监"两项工作进行分离，使得项目各部门岗位职责更加明确，通过各系统各司其职、各尽其责，专业管理、专职监督，实现以"管"的过程控制、"监"的检查纠偏，共同保安全，形成"管""监"合力，持续提升项目本质安全保障能力。

"管""监"分离的管理模式（图7.3-2）将项目安全管理组织架构划分为"组织指挥""技术保障""资源配置"和"安质监督"四个系统。通过划分四个系统的责权，分清项目管理中日常工作的第一责任、主要责任、次要责任，充分发挥组织指挥系统、技

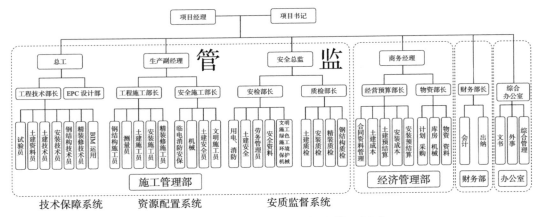

图 7.3-2 "管""监"分离的管理模式

术保障系统、资源配置系统，安全生产"管"和安全监督系统"监"的职能，明晰各层级安全质量管理责任，落实全员安全质量责任制，形成安全质量管理长效机制，整体提高企业和项目安全质量自控能力，达到有效防范一般安全质量事故、降低较大事故频次、坚决遏制重大及以上事故，实现全行业安全质量稳定向好的目标。

7.3.7 实现本质安全的关键环节——压实分包单位安全生产责任

分包单位（劳务分包单位）是项目部或分项工程的组织实施者，分包单位的安全管理意识、安全管理水平往往决定了项目的安全管理水平，压实分包单位安全管理责任，提高分包单位安全管理意识，是实现工程项目本质安全的关键环节。

总承包单位在选定分包队伍时，一定要考察分包单位的安全管理水平，考察管理人员安全管理意识和业务水平，杜绝挂靠、非法分包等问题，督促分包单位配备专职安全生产管理人员。

分包单位进场前，签订安全生产协议书，明确双方安全管理责任，提前告知违章违规作业处罚标准，压实分包单位安全管理责任。在施工管理过程中运用经济处罚等手段进行管控。

7.3.8 实现本质安全的关键环节——班组长安全生产责任制

班组长是安全管理的最直接实施者，压实班组长的安全管理责任，提高班组长的安全意识，往往会使安全管理工作事半功倍。

工人进场前，组织班组长签订安全生产责任书，明确告知其安全生产责任和考核管理办法，将安全管理责任压实到安全生产第一线，每月对班组长进行考核排名，奖励惩罚，形成有效的约束机制。

通过班组长安全生产责任制和月度考核制度，大大提高了班组长对安全管理的积极性，只有工人直接管理者的安全意识提高了，责任压实了，才能真正保证现场施工人员的本质安全。

7.3.9 实现本质安全的关键环节——工人安全生产承诺制

施工现场的工人是安全管理的对象，也是工程操作的实施者，相关资料表明，在所发生的事故和事故征候案例中，人为因素约占 90% 以上。提高施工现场工人的安全意识，加强工人的自身管理，实现由"要我安全"到"我要安全"的转变。

不可否认，当前施工现场一线大多数工人由进城务工人员组成，人员素质参差不齐，这也是时代造就的建筑业现实，如何提高进城务工人员的安全意识，首先施工单位要切实开展教育培训，不能把入场教育培训当作安全资料去应付，切实告知进城务工人员现场的危险因素、他们的权利和义务，相信他们会在每一次教育和培训中提高自己的安全意识。

另外，实施安全生产承诺制。我们要相信承诺的力量，工人进场时，签订安全生产承诺书，将安全生产责任传递给每一位施工人员，实现安全生产层层负责，人人有责，各负其责。

7.3.10 实现本质安全的核心方法——施工现场网格化管理

施工现场安全生产网格化管理是指将房屋建筑及市政基础设施工程施工现场的安全生产管理工作划分为若干管理单元，由各级负有安全管理职责的人员进行网格化管理。

常规安全管理模式下，虽然也进行分区域管理，但安全管理责任划分不细致、责任不明确，更没有将分包单位、作业班组纳入到安全管理体系中来，导致施工现场安全管理眉毛胡子一把抓，无法将责任细化到个人。施工现场实施安全生产网格化管理，将施工现场划分为若干安全管理单元，每个管理单元中的每一项具体事项都有明确的责任人，实现现场安全管理无死角，责任划分无遗漏。

项目要根据工程项目专业特点、风险等级、资源配置情况，按施工阶段、平面布置、与业态分布、班组分工等对施工现场进行网格化规划和管理。在项目部、工区、作业队、班组等各层面明确每个网格的施工管理直接责任人，即网格管控安全生产直接责任人，实施动态管理，落实网格管理人员安全管理责任。实施现场网格化管理，使安全生产责任制进一步落实与细化。在各区域进行挂牌公示，使现场安全管理责任清晰明了，配合考核制度，促使安全管理责任进一步落地。

7.3.11 实现本质安全的有力保障——双重预防机制

　　双重预防机制就是构筑防范生产安全事故的双重防火墙。一是管风险，以安全风险辨识和管控为基础，从源头上系统辨识风险、分级管控风险，努力把各类风险控制在可接受范围内，杜绝和减少事故隐患。二是治隐患，以隐患排查和治理为手段，认真排查风险管控过程中出现的缺失、漏洞和风险控制失效环节，坚决把隐患消灭在事故发生之前。双重预防体系的工作机制，就是把每一类风险都控制在可接受范围内，把每一个隐患都治理在形成之初，把每一起事故都消灭在萌芽状态，从而实现本质安全。

　　项目要设立以项目经理为组长，总工、生产经理、安全总监为副组长的安全生产风险分级管控领导小组，成员包括项目各部门负责人和有关人员。在项目施工前期策划阶段，对项目全过程可能存在风险点进行风险辨识与评价，编制本项目的《各级风险清单》及管控措施，并每月对可能存在风险点进行风险辨识与评价，实施动态管控。在现场醒目位置进行重大危险源公示，在施工部位悬挂一、二级风险公示牌。重要节点实施前，项目安全总监通知公司安全生产管理机构，安全生产管理机构派员旁站监督，并参与验收。项目安全总监对一、二级风险主要管控措施进行每日巡检，发现管控不到位的有权要求暂时停止施工并向项目经理进行反馈，隐患仍不能消除的，项目安全总监有权启动安全总监反馈机制，向公司安全生产管理机构反馈，由公司进行挂牌督办。

　　项目部还要成立以项目经理为组长，总工、生产经理、安全总监为副组长的生产安全事故隐患排查治理工作小组。全面负责项目部生产安全事故隐患排查治理体系的建立与运行，确保项目隐患排查治理体系的有效运行。

　　隐患排查主要采取以下方式：（1）日常隐患排查；（2）综合性隐患排查；（3）专项隐患排查；（4）季节性隐患排查；（5）第三方检查；（6）公司和分公司稽查组检查；（7）重大活动及节假日前后隐患排查；（8）事故类比隐患排查。

7.3.12 实现本质安全的有力保障——落实领导带班、现场作业跟班制度

　　领导带班、现场作业跟班制度是落实安全责任制度、实现本质安全的又一有力保障，是遏制生产安全事故的有力措施。

　　企业各级负责人、项目部负责人要对危险性较大的分部分项工程施工重要工序、关键节点（时段）进行检查指导、带班作业，以进一步增强施工现场管理力度，提高安全质量管理效率，落实领导人员安全质量责任，及时发现、消除现场安全质量隐患，提升施工现场安全质量自控能力及应急处置能力。

　　项目负责人在带班作业时应当对危险性较大的分部分项工程施工重要工序、关键节

点进行安全检查，全面掌握项目安全生产情况；及时发现和消除事故隐患和险情，及时制止违章指挥和违章作业行为；遇到险情时，立即启动应急救援预案，防止事故扩大，积极组织对伤员的抢救，保护好现场的同时向上级部门报告，参与事故的调查分析，负责安全防范措施的落实。

在隐蔽工程、重要工序、危险环节施工时，项目管理人员要严格执行跟班作业制度。项目管理人跟班作业时，要把保证安全生产放在第一位，全面掌握当班安全生产状况，加强对重点部位、关键环节、危险源的监控，并指导、监督现场人员安全规范作业。及时发现和组织消除事故隐患和险情，及时制止违章违规行为，严禁违章指挥。当现场出现重大安全隐患或遇到险情时，及时采取紧急处置措施，并立即下达停工令，组织涉险区域人员及时有序撤离到安全地点。

7.3.13　实现本质安全的有力保障——建立健全项目应急管理机制

如果在事故或灾害发生前，建立完善的应急救援系统、制定周密的救援方案、配备充足的应急保障物资、在事故和灾害发生时采取及时有效的应急救援行动，在事故和灾害发生后及时进行善后处置，一定可以挽回更多的生命和财产损失。所以，有效的应急救援行动是抵御事故或灾害蔓延和减轻危害后果的有力措施。建筑施工行业作为生产安全事故发生频率较高的行业，建立健全项目应急管理机制，提高项目应急处置能力，是实现本质安全的有力保障。

项目部要成立以项目经理为组长、项目总工、生产经理、安全总监为副组长的生产安全事故应急管理领导小组，组员由项目各科室负责人组成。应急领导小组应根据国家、地方法律法规、行业规范规定和上级要求，并结合工程项目特点编制项目部应急预案和现场处置方案，建立健全事故应急机构，配备应急物资、设备；负责应急知识培训教育和宣传工作；组织应急预案培训、演练、评价。发生事故和突发紧急事件时，小组成员必须组织应急队伍迅速到达事故现场，指挥现场应急人员开展应急救援，采取有效措施防止事故扩大，最大限度减少人员伤亡和财产损失，保护好事故现场，并及时向公司报告事故情况。

7.4　如何促使每一位管理人员尽职履责

制度的执行者是人，再好的制度，不去执行，也只是一纸空文。工程项目的管理无非就是计划、实施、检查、处理的循环。每一个环节都是由项目管理人员去实施的，每一个环节的缺失或者失控，都可能会导致安全生产事故的发生。如何促使每一位管理人员的尽职履责，是保证本质安全所急需解决的问题。

7.4.1 如何促使每一位管理人员尽职履责——严格过程责任追究

建筑施工企业要秉持"隐患即是事故"的原则，严格施工过程责任追究。

在企业层面要加大对在建项目的检查力度，成立公司级检查组，也可以聘请第三方检查组，对在建项目进行每月一次巡查，对发现重大安全隐患或严重失职的情况采取降薪、降职、撤职等措施，对责任人进行处罚，并责令停工整顿，迫使项目管理人员尽职履责。对一般安全隐患可以采取经济处罚措施迫使管理人员尽职履责。

项目内部也要建立相应的奖惩淘汰机制，实施安全总监制度，安全总监对项目安全负综合监管直接领导责任。项目安全总监由公司直派，由公司对项目安全总监进行考核，实行安全总监反馈机制。项目安全总监对项目安全生产工作进行综合监管，对重大安全隐患和项目管理人员严重失职行为上报公司，由公司进行核实，责任追究。项目内部应严格月度安全生产责任考核，对项目管理人员、分包管理人员、班组长、工人推优评先、激励后进，形成良好的安全生产氛围。对失职、违章违纪行为进行项目内部问责、约谈、经济处罚直至开除，迫使全员安全生产责任制的落实。

严格施工过程责任追究，迫使项目管理人员尽职履责，是企业避免责任事故发生的根本手段。相较于事故发生后的责任追究，更具前瞻性。

7.4.2 如何促使每一位管理人员尽职履责——严格安全事故责任追究

安全事故责任追究是预防惯性事故发生的警示震慑手段，也是事故发生后促使各级人员尽职履责的补救方法。企业和项目要在事故发生后，对事故责任人员进行降薪、降职、撤职处理，涉及刑事责任的移交司法机关处理；对涉嫌违法违纪的行为和问题线索，移交相关部门查处。对责任分包单位要进行限制准入或退场处理。

高处作业吊篮篇

第**8**讲 高处作业吊篮日常安全检查要点

　　高处作业吊篮（以下简称"吊蓝"）作为一种高空作业的建筑工具，它结构简单，搭拆方便快捷，已经成为幕墙施工必不可少的存在，因此对于它的安全管理我们不能忽视。作为安检人员怎样对吊篮进行管控，作者认为无需大动作，功夫在平时，将吊篮的管控放在日常的安全检查中即可完成。

8.1　认识吊篮

　　吊篮由以下构件组成：
　　（1）悬吊平台：通过钢丝绳悬挂于空中，四周装有护栏，用于搭载操作者、工具和材料的工作装置；
　　（2）悬挂机构：由配重保证设备稳定性的静止悬挂支架（悬挂架或悬挂梁）；
　　（3）钢丝绳：有工作钢丝绳、安全钢丝绳两种，工作钢丝绳承担悬挂载荷，安全钢丝绳通常不承担悬挂载荷，而是装有防坠落装置；
　　（4）电气控制箱：为提升机供电，控制吊篮启动停止及上下行程的装置；
　　（5）安全锁：直接作用在安全钢丝绳上，可自动停止和保持平台位置的装置；
　　（6）提升机：安装在吊篮平台上，使平台沿钢丝绳上下运行的机构，有不同款式，如气动、电动等。
　　根据这些构件可将吊篮的安全检查拆分成各个构件节点的检查。

8.2　吊篮实体检查要点

8.2.1　安全装置检查

　　1. 安全锁
　　安全锁是吊篮的保险，也是平台的最后一道防线，所有吊篮必须安装安全锁，这是检查吊篮的先决条件。在对安全锁进行检查时，首先看的是安全锁铭牌（图 8.2-1）。铭牌信息必须包含安全锁的型号、适用的钢丝绳直径、锁绳距离及角度、生产厂家、出厂日期及标定时间，其中标定时间距离检查日期超过 12 个月的必须要求吊篮厂家找法定检测机构重新标定。

其次，安全锁作为保险，在危急情况时必须能及时反应并发挥作用，那么就要求安全锁必须灵敏可靠，可以采取以下方法检查安全锁是否灵敏可靠：将平台上升至距地面 1.5m 左右位置，然后使用吊篮转换开关，保持平台一端高度不变，另一端吊篮往下运动，此时吊篮将处于倾斜状态，如果倾斜角度大于 8°，安全锁仍未将吊篮锁定在安全钢丝绳上，那么就可以判定此安全锁灵敏度不足或已经失效，反之即满足检查要求。吊篮倾斜角测量如图 8.2-2 所示。

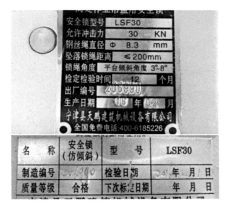 

图 8.2-1　安全锁铭牌　　　　　图 8.2-2　吊篮倾斜角测量

2. 安全绳与锁扣

吊篮的安全绳是指单独设置的一根锦纶材质绳索，主要作用是挂设锁扣，以此供作业人员系挂安全带，在最极端的情况下，它是作业人员最后的保险，也是仅有的生命线。

安全绳一般要求采用锦纶材质，不能使用麻绳等其他户外易损绳类，同时要求整绳挂设，中间不能存在接头，不能松股、断丝。安全绳挂设地点也是重点检查项目，要求牢固可靠，严禁直接缠绕在吊篮支架上，一般可将安全绳挂设在屋面整体浇筑的设备基础（图 8.2-3）、结构柱、梁等位置，如遇屋面无可靠挂设点，可在拉力计算满足要求的情况下，使用高强度螺栓将拉环固定在可靠位置，然后再挂设安全绳，安全绳挂设于拉环上如图 8.2-4 所示。

绳索防护一定要有，这个地方的防护是指对安全绳的保护，安全绳在经过建筑物或构筑物拐角位置时，我们需使用软质材料对安全绳进行保护，如果没有就存在隐患。

我们常说一人一扣一根绳，即一根安全绳上只有一个安全锁扣，只供一个作业人员系挂安全带，其实相关规范中只明确安全锁扣一人一个，未对安全绳做要求，但为保险

图 8.2-3　安全绳挂设在整体浇筑的设备基础上

图 8.2-4　安全绳挂设于拉环上

起见，安全绳也应该做到一人一根，这方面大家在进行检查时可灵活运用。

3. 行程限位装置

首先应设尽设、灵敏可靠，所有吊篮必须设置上限位开关，如果悬吊平台是从地面等可靠位置进出，下限位开关可不进行设置，所有限位开关必须保证灵敏可靠，检查时可将吊篮做上升运动，然后按下限位开关按钮，此时吊篮应立即停止运动，反之则存在隐患问题，需要进行修复。

其次注意限位挡板不可缺失，限位装置之所以设置就是为了防止冲顶事故的发生，当提升机出现电气故障或失误操作时，吊篮会一直做上升运动，此时限位装置发挥的作用是停止吊篮上升运动，在操作人员不能及时发现的情况下，就需要限位挡板承担按下按钮的作用，限位装置安装在安全锁上方，所以为了保证限位挡板的功能正确使用，必须将限位挡板安装在安全绳上，这也是检查时要关注的重点。

8.2.2　悬挂机构检查

首先承载要牢靠，吊篮悬挂机构一般是放置在屋顶或楼面上，考虑支架上放有大量配重，向下压力极大，所以检查悬挂机构时，首先要检查的就是建筑承载力是否满足要求，这一步检查需放在吊篮安装前进行。

其次整体需协调，支架的前梁外伸长度需要满足产品说明书要求，如常用的 ZLP630 型吊篮，前梁外伸长度一般不能超过 1.5m，如果超过这个长度，就需要增加配重或减少平台荷载。对支架整体检查时还需要注意的是，必须保证支架的稳定力矩大于或等于 3 倍的倾覆力矩，悬挑横梁必须前高后低（图 8.2-5），且前后水平高差不大于

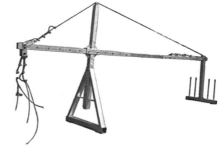

图 8.2-5　悬挑横梁必须前高后低

横梁长度的 2%，上支架固定在前支架调节杆与悬挑梁连接的节点处，上下支架在一条直线上。

最后配重打底不能错，我们在检查时要关注吊篮配重是否使用专用的、符合产品说明书的配重块，不允许使用沙袋、砖块代替，同时对配重块进行固定，并设置防止人为挪动的措施，配重块严禁挪用（图 8.2-6）。

图 8.2-6　配重块严禁挪用

8.2.3　钢丝绳检查

外观要求平、直、顺，对钢丝绳的检查我们要遵循"第一印象"，第一眼看上去钢丝绳有断丝、松股、硬弯、锈蚀或油污附着物等现象，就得要求整改，如果问题严重就得整根更换，反之，第一眼看上去钢丝绳光滑、顺直，就可以开始下一步检查。

吊篮分工作钢丝绳和安全钢丝绳，虽然工作钢丝绳承担荷载，安全钢丝绳不承担荷载，但要求两根钢丝绳的规格、型号必须一致，直径不得低于 6mm，且必须与安全锁要求的绳径相匹配，检查时可使用游标卡尺进行检测。

工作钢丝绳和安全钢丝绳不得安装在悬挂机构横梁前端同一悬挂点上，出现未独立悬挂的情况（图 8.2-7），则必须进行整改。

不管是焊机本身还是焊把线、焊钳都不能和吊篮进行接触，不仅如此，在动焊时我们还得对吊篮设备、钢丝绳、电缆采取保护措施。

钢丝绳在做回弯时，必须使用鸡心环（图 8.2-8）保护使其圆滑过渡。

检查时要注意绳夹的分布及朝向，夹座扣在钢丝绳的工作段，U 形螺栓扣在钢丝绳

图 8.2-7　安全钢丝绳未独立悬挂

图 8.2-8　鸡心环

的尾端，绳夹不得交替布置，绳夹间距不得小于钢丝绳直径的 6 倍。

　　我们一般要求钢丝绳的固定要紧固牢靠，但我们无法通过眼睛直接判断它的松紧程度，这时候安全弯（图 8.2-9）就派上用场了，在钢丝绳末端设置安全弯，通过安全弯的大小变化，我们可以直观地判断钢丝绳的松紧程度，所以对吊篮进行检查时，必须设置安全弯，日常检查时要紧盯安全弯的变化。

　　为了避免钢丝绳缠绕打结，同时也为了让安全钢丝绳固定在安全锁靠轮槽底部，不影响安全锁锁绳角度，在安全钢丝绳的下端必须安装一个距地 100~200mm 的重锤，以使安全钢丝绳在悬垂时处于绷直状态，检查时发现无重锤或重锤落地的即要求整改，安全钢丝绳重锤如图 8.2-10 所示。

图 8.2-9　安全弯

图 8.2-10　安全钢丝绳重锤

8.2.4　提升机检查

　　关于提升机的检查，首先要关注的还是它的安全功能，所有提升机必须设置制动器和限速器，在额定提升力工况下，其滑降速度（向下）为 1.5 倍的提升速度，其次要关注的是手动释放装置（图 8.2-11）是否齐全，测试手动释放装置灵敏度（图 8.2-12）是否灵敏有效，我们可以将吊篮上升至距地 2m 的位置，然后拉动吊篮两侧的手柄，观察吊篮是否平稳下降至地面。

图 8.2-11　手动释放装置

图 8.2-12　测试手动释放装置灵敏度

8.2.5 电气控制箱检查

电气控制箱检查时，首先要看箱体上是否设有急停按钮，同时要求急停按钮必须是红色且有明显的"急停"标识，按下后应能立即停止吊篮运动，不会自动复位，然后再观察电气控制箱是否设有上行、下行、转换开关等按钮，每个按钮都应以文字或符号的形式清晰地进行标识，如果存在不清晰或未标识的情况应马上整改。

8.3 使用过程检查

8.3.1 操作人员检查

对吊篮操作人员进行检查时，首先要核验他们是否经过最基本的入场教育、安全技术交底，查验是否学习过使用说明书，在完成内业资料检查后，要查看作业人员的体检报告，如发现患有高血压、心脏病、恐高症等疾病的人员严禁上吊篮，这些基础资质检查后，要检查作业人员身后安全带的余绳不得超过 1m，最后一定要重点关注双动力吊篮有且仅有 2 人作业，不得单人作业（图 8.3-1），也不得超过 2 人作业（图 8.3-2）。

图 8.3-1　不得单人作业　　　　图 8.3-2　不得超过两人作业

8.3.2 操作行为检查

在吊篮实际使用后，我们需要针对人员的操作行为进行纠偏，所有操作人员必须从地面进出吊篮，严禁从楼层临边、施工洞口、窗口等位置进出吊篮，也不得从一个吊篮平台翻越至另一个吊篮平台（图 8.3-3）。

　　不得将吊篮作为垂直运输机械，吊篮内部的荷载应尽量均匀分布，避免偏载，严禁超载（图 8.3-4）。还有一个要关注的点是当发现吊篮提升机过热烫手时，要马上停止使用吊篮，正如人发烧需要休息，此时吊篮也需要适当的"休息"降温。

　　当天气比较炎热，紫外线强烈时，一些作业人员会在吊篮上设置一些密目网或其他装置遮挡吊篮，以此遮阳，虽然行为能够理解，但我们检查时必须制止，设置了密目网的吊篮就犹如海中张帆的船，随风摆动，危险性极大。

图 8.3-3　不得从一个吊篮平台翻越至另
　　　　　一个吊篮平台

图 8.3-4　避免偏载，严禁超载

第9讲 吊篮安全管控要点

9.1 前期准备要点

9.1.1 完善方案

1. 方案的审批流程

吊篮的专项施工方案审批流程如图 9.1-1 所示。

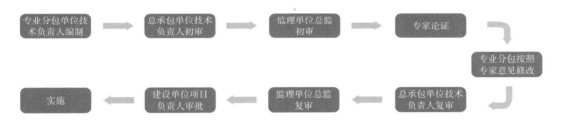

图 9.1-1 吊篮的专项施工方案审批流程

在实际管理中当涉及以下情况时，其吊篮专项施工方案需要进行专家论证：

（1）楼高超过 100m；

（2）幕墙搭设高度超过 50m；

（3）吊篮实际安装情况超出原有设计说明书要求；

（4）异形吊篮（图 9.1-2）的安装如：骑马式吊篮、斜拉牵引式吊篮、穿楼板式吊

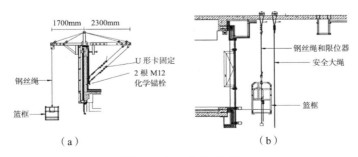

图 9.1-2 异形吊篮

（a）骑马式吊篮；（b）穿楼板式吊篮

篮等。

2．内容

吊篮的专项施工方案应包含以下 12 项内容：

（1）工程概况；

（2）编制依据；

（3）管理架构；

（4）技术参数及布置情况；

（5）安装方法及流程；

（6）安全措施；

（7）临时用电布置；

（8）检查验收程序及要求；

（9）维护保养措施；

（10）应急预案；

（11）受力计算书（含风载荷、钢丝绳承载力、吊篮前后支架压力、抗倾覆安全系数、结构楼板承载力等）；

（12）附图（含吊篮布置图、节点图等）。

9.1.2 资质审核

1．企业层面

吊篮进场前应审核产权单位及安拆单位企业资质，当产权单位与安拆单位非同一单位时其企业资质应分开审核。审核内容主要包含：营业执照、建筑企业资质证书、安全生产许可证等。

2．设备层面

吊篮进场前针对设备本身我们应从吊篮构件产品合格证、吊篮使用备案证书以及相应检测报告三方面进行审核。

3．人员层面

吊篮全周期安全管理中所涉及的人员类型主要有专职安全生产管理人员、吊篮安拆工、建筑电工、吊篮操作工四类人员。进场前我们应针对不同类型人员的相关资质证件进行审核，吊篮安拆工证件如图 9.1-3 所示。

在实际审核时首先应保证证件上身份证号与其身份证上编号相一致，证书编号以及证件有效期应与发证机

图 9.1-3　吊篮安拆工证件

关官网上查询数据一致；其次用微信扫描证件上面的二维码与官网上查询数据相比对；最后检查证件上公章是否为发证机关专用章。

9.1.3　安全培训

1. 安全教育

人员入场前按照先后顺序应进行安全教育培训。主要有以下内容：（1）体验式安全教育，在吊篮全周期的安全管理中主要涉及高处坠落、物体打击、触电三种伤害类型，所以在进行体验式安全教育时应着重以上三种类型的培训；（2）三级安全教育，入场人员所在的单位应从公司、项目、班组三个层级进行教育培训；（3）入场安全教育，人员入场前应从项目概况、危险源辨识及防范措施、应急救援等方面对其进行安全教育；（4）实操考核，人员入场后应根据其所从事的相关作业内容对其进行实操考核，对考核不通过的人员不得在其项目上进行相应施工内容。

2. 安全交底

安全交底主要分为两种，一是方案交底，吊篮专项施工方案审批完成后项目应对所有管理人员进行方案技术交底；二是安全技术交底，管理人员应对作业人员针对其施工内容的操作规程、注意事项等进行安全技术交底。

9.2　安装管控要点

9.2.1　吊篮介绍

吊篮是指悬挂装置架设于建筑物或构筑物上，起升机构通过钢丝绳驱动平台沿立面上下运行的一种非常设悬挂设备。吊篮结构组成如图 9.2-1 所示。

吊篮按照驱动方式可分为手动式、气动式、电动式；按照提升形式可分为卷扬式和爬升式；按照结构（悬吊平台）层数可分为单层式、双层式以及多层式。

9.2.2　现场准备

吊篮安装前的准备工作：

（1）专用场地、警戒隔离：吊篮安装时应在施工现场划分专业场地，并采用相应警戒措施，张贴安全警示标语，作业高度及坠落半径如表 9.2-1 所示，其坠落半径可等同于专用场地半径。

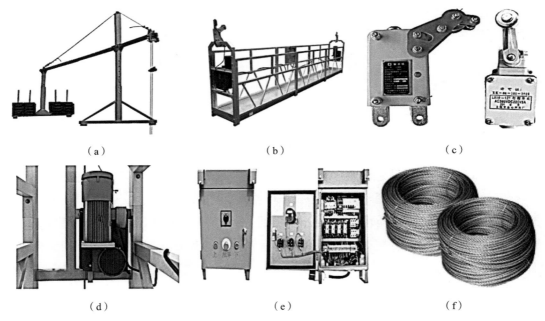

图 9.2-1　吊篮结构组成

（a）悬挂机构；（b）悬吊平台；（c）安全装置；（d）提升系统；（e）电气控制系统；（f）钢丝绳

作业高度及坠落半径　　　　　　　　　　　　表 9.2-1

序号	上层作业高度（m）	坠落半径（m）
1	$2 \leqslant H \leqslant 5$	3
2	$5 < H \leqslant 15$	4
3	$15 < H \leqslant 30$	5
4	$H > 30$	6

注：H 为作业高度。

（2）合理安排，严禁交叉：在吊篮施工前负责人应与其他单位及部门协商其他施工作业事项，避免进行交叉施工作业。

（3）防护措施，提前准备：吊篮安装区域临边防护应不得低于 1.2m，如若无法安装临时防护，应提前设置可靠的安全带系挂点来保证安装过程中的人员安全。

9.2.3　悬挂机构

悬挂机构的组成如图 9.2-2 所示。

悬挂机构安装时应满足特定的要求，其主要有：

（1）悬挑横梁：悬挑横梁前高后低，前后水平高差不应大于横梁长度的 2%。如图 9.2-3 所示。

图 9.2-2　悬挂架构组成

1—后梁；2—中梁；3—前梁；4—钢丝绳（预紧绳）；
5—后支架；6—前支架；7—配重块；8—悬挑横梁

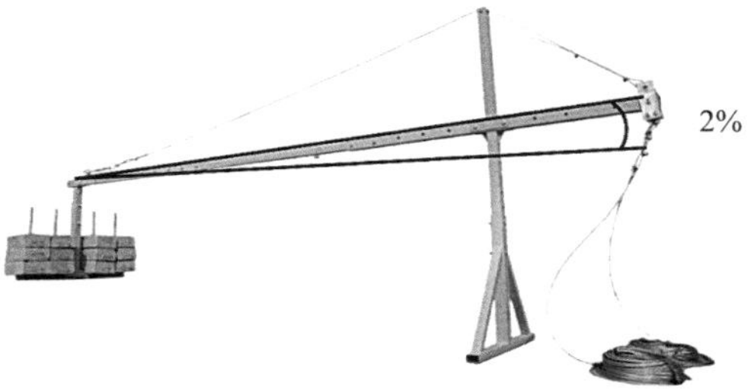

图 9.2-3　悬挑横梁水平高度差示意图

（2）支架：前支架的上立柱和下立柱必须在同一条垂直线上；前支架距离结构边缘大于 200mm；同时要关注支架安装位置基础的承载能力，必要时增设卸载板；禁止搭设在女儿墙或者悬挑结构上。

（3）前梁：钢丝绳悬挂架下的两个销轴上分别安装工作钢丝绳和安全钢丝绳，用绳夹夹好各条绳的端部，再在安全钢丝绳的适当部位装好限位块，限位块距顶端 80cm 处固定，前梁安装示意图如图 9.2-4 所示。

（4）钢丝绳（预紧绳）：预紧绳必须在方管横梁上方居中，从滑轮中心穿过；工作钢丝绳和安全钢丝绳，成对设置，分

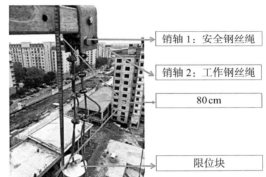

图 9.2-4　前梁安装示意图

别穿过提升机和安全锁，且要求选用的型号、规格相同；钢丝绳在做回弯时，必须使用鸡心环保护使其圆滑过渡；绳夹数量不少于 4 个，钢丝绳夹间的距离等于 6~8 倍钢丝绳直径，固定方式正确并设置安全弯，尾段长度大于 140mm，如图 9.2-5 所示。

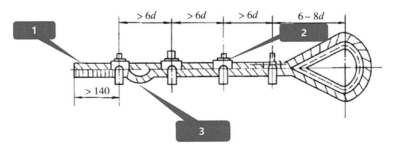

图 9.2-5　钢丝绳固定示意图（d 为钢丝绳直径）

1—工作段；2—夹座；3—U 形螺栓

（5）配重块：数量由抗倾覆实验获得，稳定力矩大于或等于 3 倍倾覆力矩；材质为实心混凝土（C25），有永久性质量标记，重 25kg；应张贴防丢失措施，安全警示标识，同时外观完好无破损。

9.2.4 悬吊平台

以矩形双吊点式吊篮为例，悬吊平台多数是由 2 个或 3 个基本节组成。基本节长度为 1.5m、2m、2.5m 或 3m，可按施工需要拼装成所需的长度，悬吊平台悬挂高度与平台长度如表 9.2-2 所示。

悬吊平台悬挂高度与平台长度 表 9.2-2

序号	悬挂高度 H（m）	平台长度 h（m）
1	$H \leqslant 60$	$h \leqslant 7.5$
2	$60 < H \leqslant 100$	$h < 5.5$
3	$H > 100$	$h < 2.5$

悬吊平台安装要求示意图如图 9.2-6 所示。

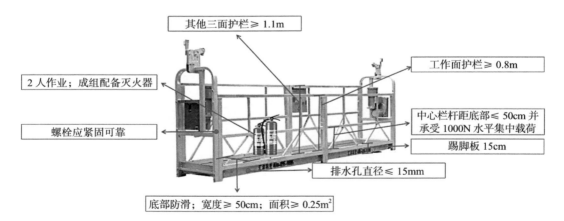

图 9.2-6 悬挑平台安装要求示意图

9.2.5 安全装置

吊篮的安全装置主要包含安全锁、限位器、重锤、保护绳等，其安装要求如下：

1. 安全锁

吊篮中常见的安全锁分别为离心式安全锁以及摆臂式安全锁，这里主要讲解摆臂式安全锁，摆臂式安全锁内部结构示意图如图 9.2-7 所示。

安全锁的标定期限为 1 年，并且其出厂、检测日期应与所报资料匹配，当安全锁过期后，应及时由相应有资质的单位进行重新检查标定，当在锁绳状态下时可以手动复位，且倾斜角度不大于 14°，当安全锁起作用时允许提升吊篮；其工作钢丝绳失效时下降速度大于 30m/min，安全锁在投入使用前需要进行检测与试验，分为整机测试和单独测试。

（1）当进行整机测试时应满足以下要求：

1）承受 3 次下降试验，设备零部件无断裂；

2）3 次试验中，每次测到的冲击载荷系数不大于 3；

3）3 次试验中，每次下降距离均小于 500mm，且平台倾斜角度不大于 14°。

（2）当单独测试时应满足下列要求：

1）安全锁与钢丝绳可承受 3 次坠落试验，设备零部件无断裂；

2）3 次试验中，每次测到的冲击载荷系数小于 5；

3）3 次试验中，每次的下降距离均小于 500mm。

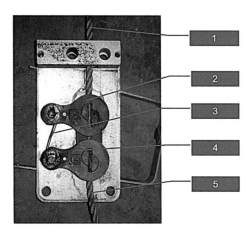

图 9.2-7　摆臂式安全锁内部结构
示意图

1—安全钢丝绳；2—绳夹；3—扭簧；4—套板；
5—安全钢丝绳

2. 限位器

限制运动部件或装置超过预设极限位置的装置，包含上限位挡板和下限位器（块）。安装应采用螺栓固定，结合实际管理经验可将下限位器（块）原有背板用槽钢替换增加背板强度，减少使用过程中的损坏率。安装后应保证按钮灵敏，接线稳定可靠。

3. 重锤

其固定在安全钢丝绳上，使安全钢丝绳始终保持悬垂状态，离地高度为 15～20cm。

4. 保护绳

保护绳是作业人员最直接的安全保护装置，其主要悬挂在建筑结构顶部，固定在预埋件或主体结构上，材质为锦纶绳，不得使用丙纶、乙烯和麻绳，在建筑物阳角接触部位应有防摩擦措施，如图 9.2-8 所示，破损不得维修必须及时更换。

图 9.2-8　建筑物阳角接触部位
防摩擦措施

9.2.6 提升机

吊篮的提升机主要分为卷样式和爬升式，其中爬升式又分为 α 式卷绳和 S 式卷绳。
α 式卷绳的特点是提升力小，主要应用于中、低荷载的吊篮运输；S 式卷绳的特点是提升力大，主要应用于大荷载的吊篮运输。提升机安全要求如图 9.2-9 所示。

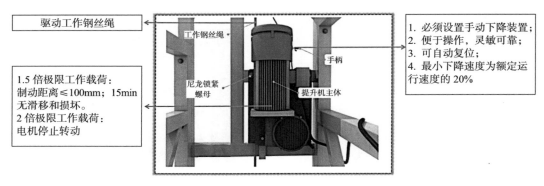

图 9.2-9 提升机安全要求

9.2.7 电气系统

现用的吊篮都采用集成控制箱的方式来同步控制吊篮，其主要分为上升按钮、下降按钮、急停按钮、电源指示灯、转换开关。

吊篮电气系统的基本要求主要有：

（1）专人负责，专人管理；

（2）一闸一机一漏，严禁接其他设备；

（3）统一设置，分组编号；

（4）采用三相五线制，TN-S 系统；

（5）配备防水、防尘等措施。

9.2.8 联合验收

吊篮安装完成后应由安装单位自检，然后由总承包单位、产权单位、安装单位、使用单位、监理单位进行五方联合验收（当涉及专家论证的高处作业吊篮进行验收时应邀请专家论证组至少两名专家参与验收），在验收时应对吊篮进行倾斜试验及空载试验，验收合格后应收集验收佐证资料统一归档留存。

9.3 使用管控要点

9.3.1 使用注意事项

1. 人员方面

吊篮在使用期间人员方面应注意以下几点：

（1）吊篮内只能两人同时作业；

（2）在吊篮内的作业人员应正确佩戴防护用品，并应将安全锁扣正确挂置在独立设置的保护绳上；

（3）严禁从建筑物顶部、窗口或其他孔洞处上下吊篮；

（4）严禁酒后上岗，严禁作业过程吸烟；

（5）作业人员所用工具应存放在工具袋中；

（6）严禁使用梯子等工具增加作业高度；

（7）严禁作业人员超出篮体作业；

（8）作业完成后，将吊篮调节至地面，关闭电源，条件不允许的，调节至楼栋第二层，并做好加固措施；作业完成后清理平台内材料，吊篮在二层停放示意图如图9.3-1所示。

图 9.3-1　吊篮在二层停放示意图

2. 设备方面

吊篮在使用期间设备方面应注意以下几点：

（1）禁止私自加挂附件；

（2）禁止用作垂直运输；

（3）严禁将电焊机、易燃易爆物品放置在平台内，电焊钳挂设在篮体上。

3. 环境方面

吊篮在使用期间环境方面应注意以下几点：

（1）严禁5级以上大风、雨雪天气作业；

（2）严禁夜间作业；

（3）作业时应按照坠落半径拉设警戒线。

9.3.2 使用管控措施

1. 人员层面

吊篮使用过程中应建立健全培训考核制度，利用班前教育等形式强化吊篮使用注意事项，并定期对作业人员进行安全技术交底。

2. 设备层面

吊篮使用过程中应建立健全维修保养制度，由专人负责维保，每日作业前对吊篮进行全覆盖检查并留存记录，通过日检、月检以及专项检查的方式发现问题，并及时进行整改。

3. 管理层面

吊篮使用过程中应建立健全管理制度，建立隐患整改机制，明确管理界面，通过隐患发现、隐患报告、隐患整改以及复查验收等方式定时、定人、定整改措施的"三定原则"进行管理。

9.4　拆除管控要点

9.4.1　拆除流程

吊篮拆除流程如图 9.4-1 所示。

图 9.4-1　吊篮拆除流程

吊篮的拆除从完善方案、资质审查、拆除前交底、拆除旁站四个步骤进行。其管控要点与安装时类同，这里不再赘述。吊篮拆除完成退场时应建立门禁制度，退场材料必须由总包开具出门条才能出场；出门条开具流程应由分包单位向总包专业工程师提出申请，由申请人、物资管理员、生产经理签字确认后开具出门条。

9.4.2　典型隐患分析

吊篮在实际的安全管理中会出现许多隐患，图 9.4-2～图 9.4-15 为典型隐患案例。

图 9.4-2 单人作业

图 9.4-3 无防挪移措施，无警示标识

图 9.4-4 上限位挡板缺失或损坏

图 9.4-5 从阳台、窗口进入吊篮

图 9.4-6 吊篮构件锈蚀严重

图 9.4-7 未设置保护绳

图 9.4-8 无下限位器

图 9.4-9 提升机防护罩缺失

图 9.4-10　垂直交叉作业

图 9.4-11　连接螺栓缺失

图 9.4-12　电焊机放置在平台上

图 9.4-13　电焊钳搭设在篮体上

图 9.4-14　保护绳挂设在横梁上

图 9.4-15　无护阳角保护

第 10 讲 吊篮安全知识一点通

吊篮是建筑工程高空作业的机械工具，用于建筑外墙的保温施工、幕墙施工等各类外墙施工。吊篮是一种替代传统脚手架，可减轻劳动强度，提高工作效率，并能够重复使用的高处作业设备。在高层多层建筑的外墙施工作业中得到广泛认可。

10.1 施工准备

10.1.1 认识吊篮

吊篮由 9 个主要部件组成，包括悬吊平台、悬挂机构、防坠器、安全绳、钢丝绳、提升架、电器控制箱、电缆线、安全锁。

吊篮规格：宽度是 0.69m，长度有 1m、1.5m、2m、2.5m 等。

10.1.2 施工方案

吊篮安装、拆卸都需要编制专项施工方案，专项施工方案的编制由单位技术负责人批准，送使用、总承包、监理单位审核，合格后进行安装、拆卸。专项施工方案的内容如表 10.1-1 所示。

专项施工方案的内容 表 10.1-1

序号	内容	主要内容
1	工程概况	含主体结构形式、层高、吊篮安装点位支撑条件、外墙材料的最大体积重量、使用范围、进度目标等
2	编制依据	施工合同、施工图纸、施工组织设计、技术标准、现场实际情况
3	人员组织岗位职责	建立项目管理体系，包括总承包单位、分包单位、安拆单位、租赁单位，特种作业人员资格证、行政许可等信息
4	机位布置	吊篮参数、数量、安装位置、二次组装等。附图有：施工现场总平面图、吊篮安装点结构平面图、吊篮布置平面图

续表

序号	内容	主要内容
5	吊篮选型	吊篮技术参数、主要零部件外形尺寸等
6	安全验算	悬挂支架受力及抗倾覆计算分析、悬挂机构抗倾覆稳定性验算、悬挂机构安装处的承载力验算、钢丝绳安全系数校核
7	安拆器具	自检仪器、安装器具、辅助器材等
8	安装、拆卸工艺程序方法	吊篮安装、拆卸工艺（包括二次移位）及防火、防雷、防坠落等安全技术措施
9	安全调试	吊篮使用说明书及厂家出具的安装作业指导书等
10	重大危险源及技术措施	对照《高处作业吊篮》GB/T 19155—2017，分析现场风险点，识别并制定安全技术措施
11	安全应急预案	包括领导小组及抢险小组、人员职责分工、联系方式、针对性应急措施、应急物资储备应急演练与培训安排等

10.1.3 进场检查

吊篮在进场时，需要对部件进行检查，重点检查的内容如表 10.1-2 所示。

重点检查的内容

表 10.1-2

序号	检查项目	检查内容
1	进场清单	进场设备与施工方案选型相符，不同型号严禁混装
2	随机档案	检查产品合格证、检测报告、质量证明是否齐全有效
3	部件检查	安全锁及提升机安装前应逐一检查，确保组装后整机合格
4	禁止产品	国家明令淘汰或禁止使用的吊篮产品、零部件； 超过安全技术标准、规定使用年限； 经检验达不到国家、行业安全技术标准； 没有齐全有效的安全保护装置

10.2 搭设管理

10.2.1 搭设重点

1. 悬吊平台安装注意事项

（1）悬吊平台四周设护栏，高度≥1.0m，并设横杆，间距≤0.5m，如图 10.2-1 所示；

（2）悬吊平台底板四周应有踢脚板，高度≥0.15m；

（3）悬吊平台电器控制箱固定在护栏内侧；

（4）悬吊平台内边与外墙完成面的距离为 0.25m 左右，如图 10.2-2 所示。

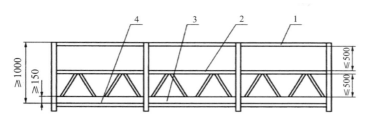

图 10.2-1　悬吊平台四周设护栏、横杆，悬吊平台底板
四周应有踢脚板

1—护栏；2—中间护栏；3—踢脚板；4—平台底板

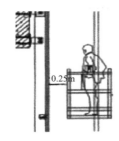

图 10.2-2　悬吊平台内边与
外墙完成面的距离为 0.25m 左右

2．悬挂机构安装注意事项

（1）支座下加垫木（图 10.2-3），厚度 2.5～3cm，前梁前端上翘 3～5cm；

（2）绳夹数量不少于 4 个（图 10.2-4），将绳卡拧紧使钢丝绳压扁至绳直径的
1/3～1/2；

（3）配重块数量计算确定，安装后要上锁，防止被人挪动引发安全隐患；

（4）安全锁上限位器距前梁 0.5～1.0m，如图 10.2-5 所示；

（5）重锤拉紧钢丝绳（图 10.2-6），下端距地面 0.1～0.2m；

图 10.2-3　支座下加垫木

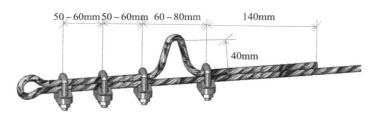

图 10.2-4　绳夹数量不少于 4 个

图 10.2-5　安全锁上限位器
距前梁 0.5～1.0m

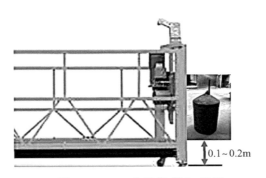

图 10.2-6　重锤拉紧钢丝绳

（6）安全绳与女儿墙阳角摩擦处有保护措施。

10.2.2　试验验收

吊篮搭设完成后应进行调试，包括空载运行试验、载重运行试验，操作如下：

吊篮空载或均布额定荷载，上下升降 3~5 次，每次行程 3~5m，过程无异响，制动器灵活可靠，各处连接无松动。

10.3　使用管理

10.3.1　日常维护

1. 日常维护人员

吊篮操作人员及专业人员负责日常维护。

2. 根据《高处作业吊篮》GB/T 19155—2017 对吊篮使用前进行下列检查：

（1）检查操作装置、制动器、防坠落装置、急停装置等功能是否正常；

（2）检查动力线路、限位开关、平台结构和钢丝绳是否正常；

（3）检查悬挂装置是否牢固可靠、配重是否被拆除。

3. 日常检查要求

（1）操作人员如实填写《高处作业吊篮班前日常检查项目记录表》并签字；

（2）主管领导或负责人对检查项目记录进行查验，审批后方可上机。

10.3.2　维护保养

1. 定期检修

（1）检修人员：由专业维修人员进行；

（2）检修期限：连续作业 1~2 月；连续作业 300h；停用 1 个月以上；

（3）检修项目：电气系统、悬挂系统、钢丝绳、安全带保险绳、安全锁、提升机、悬吊平台。

2. 定期大修

（1）大修人员：由专业维修人员进行；

（2）大修期限：使用满 1 年；连续作业 300 个台班；连续作业 2000h；

（3）大修项目：提升机安全锁、悬挂机构悬吊平台电控箱壳、电气系统、钢丝绳和安全绳。

3. 关键部位检修内容（表 10.3-1）

关键部位检修内容　　　　　　　　　　表 10.3-1

序号	检修项目	检修内容
1	提升机	清除工作钢丝绳上粘附的油污、水泥、涂料和胶粘剂； 检查工作钢丝绳有无松股、毛刺、死弯、起股等缺陷
2	安全锁	安全钢丝绳上粘附的水泥、涂料和胶粘剂； 安全锁防止雨、雪和杂物进入锁内； 定期进行检修和重新标定
3	钢丝绳	余下的钢丝绳捆扎成圆盘并高于地面约 20cm； 清理钢丝绳附着污物，修复局部缺陷
4	结构件	应及时清理表面污物，检查连接件和紧固件； 构部件磨损、腐蚀达到原构件厚度 10% 时应予以报废
5	电气系统	要保持清洁无杂物。不得把工具或材料放入箱内； 查电器接头有无松动，并且及时紧固

10.3.3　常见故障

故障、原因及排除方法如表 10.3-2 所示。

故障、原因及排除方法　　　　　　　　　　表 10.3-2

序号	故障	可能原因	排除方法
1	电源指示灯不亮	1. 未接通电源； 2. 变压器损坏	1. 检查电源开关是有效闭合； 2. 换变压器器件
2	电机只响不转	1. 缺相； 2. 电机内部断相； 3. 钢丝线卡在提升机内	1. 检查线路有无虚接、断线、各插头是否连接牢固； 2. 更换电机
3	限位开关不起作用	1. 电源相序接反； 2. 限位开关	1. 交换相序； 2. 调整限位开关或止挡
4	断电后自动下滑	1. 钢丝线有了油渍； 2. 绳轮槽磨损超标； 3. 电机制动器失灵	1. 清除油渍； 2. 更换卷绳轮； 3. 调整、更换电机
5	运行控制有下无上	1. 限位开关故障； 2. 启动按钮故障； 3. 上行接触器故障	1. 更换限位开关； 2. 排除故障或更换按钮； 3. 更换接触器
6	提升机无法启动	1. 电源接头未插牢； 2. 启动按钮损坏； 3. 保险丝熔断； 4. 热保护继电器未复位；	1. 插牢电源插头； 2. 更换启动按钮； 3. 更换保险丝； 4. 按下复位按钮；

序号	故障	可能原因	排除方法
6	提升机无法启动	5. 漏电保护器跳闸; 6. 相序保护器动作	5. 排除漏电环节,重新合闸; 6. 交换相序或解决缺相
7	带载上升启动, 一端提升机不运作	1. 电压低于吊篮工作电压; 2. 电源线过长或过细; 3. 电动机启动力矩太小	1. 解决电源问题; 2. 加大电源线导电横截面; 3. 更换电机
8	松开按钮后提升机 不停车	1. 电箱内接触器触电粘连; 2. 按钮损坏或被卡住	1. 修理或更换接触器; 2. 更换按钮排除故障
9	安全锁锁绳角度过大	1. 钢丝绳表面有油; 2. 锁内绳夹磨损过度	1. 清理钢丝绳; 2. 送回原厂修理
10	安全锁不锁绳	1. 锁内弹簧损坏; 2. 锁内污物或油泥过多	1. 送回原厂修理; 2. 送回原厂修理
11	工作平台静止时下滑	电动机电磁制动器失灵,制动器摩擦盘 为易损件	调整摩擦盘与衔铁的间距或更换摩擦盘
12	一侧提升机与电动机 不动作	制动衔铁不动作,造成制动片与电机盖 摩擦,线圈、整流块短路损坏	更换电磁制动器线圈或整流块
13	提升机有异常噪声	零部件受损	调整更换
14	工作钢丝绳不能 穿入提升机	绳端焊接不当	1. 焊接部位打磨光滑; 2. 重新制作钢丝绳端头
15	平台倾斜	电动机转速不同,制动器灵敏度差异	工作平台载荷均匀,更换离心限速器弹簧
16	工作钢丝绳异常磨损	压绳轮与绳槽对钢丝绳的摩擦引起	更换压绳机构的零件或者钢丝绳
17	安全锁锁不住钢丝绳	绳夹磨损、钢丝绳沾上油污、安全锁动 作迟缓	更换安全锁扭簧,更换安全锁绳夹、更 换钢丝绳
18	工作平台不能升降	供电电源不正常,电机过热造成热继电 器不动作	检查三相供电电源是否正常

10.3.4 紧急处置

1. 施工中突然断电

应立即关上电器箱的电源开关→切断总电源→与地面或屋顶人员联络明确断电原因→决定是否返回地面。

若短时间停电:接到来电通知后→合上电源总开关→检查正常后再开始工作。

若长时间停电:及时采用手动方式使平台平稳滑降至地面。

2. 平台升降过程中,松开按钮后平台不能停止运行

吊篮运行过程中无法停止时→立即按下红色急停按钮→用手动滑降使平台平稳落地→请专业维修人员排除故障后再进行作业。

3. 在上升或下降过程中平台纵向倾斜角度过大

立即停机→转换开关至单机运行→调整悬吊平台至接近水平→再转换双机运行继续

进行作业。

若悬吊平台需进行二次以上（不含二次）的上述调整时，应及时将悬吊平台降至地面，安排专业人员进行维修。

4. 工作钢丝绳突然卡在提升机内

立即停机→严禁反复升降来排除险情→由专业维修人员进行排险。

10.4　拆除管理

吊篮拆除步骤如图 10.4-1 所示。

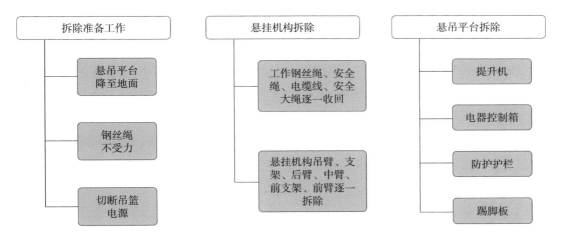

图 10.4-1　吊篮拆除步骤

吊篮是建设工程中很常见的高空作业建筑工具，对便捷施工起到了一定的作用，同时吊篮使用具有一定的危险性，只有正确操作、有效维护，才能安全竣工。

第 **11** 讲 非标准性吊篮的安全管理

11.1 非常规承载支架

谈到"非标"设备案例，那应该先从特殊作业环境下的非常规承载支架入手解读，顾名思义，就是因安装部位受限而需定制特殊的悬挂支架。

11.1.1 非常规承载支架

针对非常规承载支架，首先应关注的就是承载能力，在计算时，支撑处的承载能力要大于悬挂机构水平、垂直作用力的 10 倍以上。所以支撑架体应按照高大模板支撑体系的标准设计、搭设，按规范要求设置水平、竖向剪刀撑和水平兜网。悬挂机构正下方还应进行结构加强。除此之外还应该注意作业人员的防护保障。非常规承载支架如图 11.1-1、图 11.1-2 所示。

图 11.1-1 非常规承载支架（设备安装前）　　图 11.1-2 非常规承载支架（设备安装后）

11.1.2　非常规承载结构

　　当屋面为框架结构屋面（图 11.1-3）时，吊篮安装条件受限，如果把悬挂机构安装在主梁梁体上部时，前支架可以采用抱箍或者支托形式，后支架也可以用抱箍，或者钢丝绳捆绑固定。在设备的安全管理方面，前支架采用抱箍或者支托形式，后支架采用抱箍形式，前支架距端点的距离应小于 1.7m，前支架至后支架的间距应大于 1.2m，前支架采用抱箍形式时，悬高应小于 1.5m，采用支托形式时悬高应小于 40cm。细部节点详图如图 11.1-4 所示。

图 11.1-3　框架结构屋面

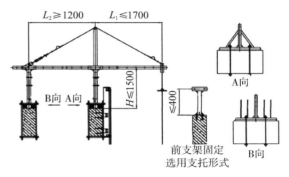

图 11.1-4　细部节点详图

　　后支架采用钢丝绳捆绑固定（图 11.1-5），除上述要求外，后固定点捆绑用钢丝绳规格不应小于吊篮工作钢丝绳，并应左右两侧相互独立捆绑，每个捆绑点捆绑圈数不应少于 8 圈，并有张紧措施。

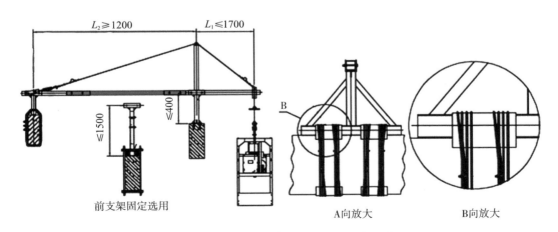

图 11.1-5　后支架采用钢丝绳捆绑固定

11.2 特殊型悬吊平台

因环境不同，所以就要对吊篮作出一些改变去适应，这就是非常规承载支架，其实最应该重点关注的还是支撑架构的承载能力，如果基础不稳，一切都是空谈。除了受安装环境因素影响，还受特殊建筑装饰饰面、形状的影响，一般受直接影响的就是起升机构，包括多层平台、转角平台、双拐角平台、附加平台以及异形平台。

11.2.1 多层悬吊平台

双层悬吊平台相较单层悬吊平台额定载重量不同，单层悬吊平台额定载重量的计算只取三个值，就是操作者的假定质量、装备质量、平台内的材料质量，三者相加就得到了额定载重量数值。但是双层悬吊平台吊篮就不一样，三个值中的平台内的材料质量是不变的，但是操作者的假定质量要根据人数而定，乘以相应的倍数，操作者的装备质量还要翻一倍，而且最后得出额定载重量的数值要大于240kg；规范要求悬挂高度小于60m，平台长度应小于7.5m，悬挂高度为60~100m，平台长度应小于5.5m，悬挂高度大于100m，平台长度应小于2.5m，得出了一个结论，随着悬吊高度的提升，平台长度，也就是机构自身的总质量相应减小，所以本节所说的双层平台吊篮仅适用于低层建筑；但是实际上，作业人员可以在一个双层吊篮的两个工作平台上同时施工，工作效率相较单层工作平台有很大提升。

除此之外还应注意，如果应用双层吊篮，我们就要考虑作业人员"楼上""楼下"的通行问题，上层底板要设置出入口，其次通行方式以爬梯的形式进行，而且爬梯的高度，也就是两底板的间距要大于2m，保障人员在合理条件下作业，但是如果大于2.5m的话，多出2m的部分就要加装一个环状的护栏。双层悬吊平台吊篮如图11.2-1所示。

图 11.2-1 双层悬吊平台吊篮

11.2.2 转角、双拐角悬吊平台

针对外立面造型复杂的建筑，可以应用转角、双拐角悬吊平台，从组成原理上来讲，该类型吊篮与标准吊篮并无较大差异，平台由于造型结构的特殊，同尺寸平台结构的稳定性其实是有相对提升的；但是转角的基础节应该结合实际结构尺寸定制，而

且竖向龙骨应加密设置，竖向龙骨间距越小整体结构稳定性越大。双拐角平台因结构稳定性的原因，如果两吊点横向跨度大于 5m，应增设一组爬升式提升机，对应的悬吊机构也应增设一组。转角悬吊平台如图 11.2-2 所示，双拐角悬吊平台如图 11.2-3 所示。

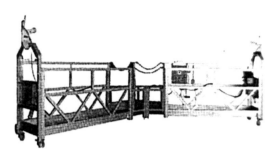

图 11.2-2　转角悬吊平台　　　　图 11.2-3　双拐角悬吊平台

11.2.3　异形平台

以圆形悬吊平台吊篮为例，该装置适用于外立面为圆形或者圆形封闭式结构的建筑物，能够使得工人轻易地对整个圆形的墙体、立面进行施工。一般情况下应用标准杠杆式悬挂机构，会相应设置 3 组悬挂装置，不同建筑配套使用的吊篮需特殊定制，因此市场应用率较低。圆形悬吊平台如图 11.2-4 所示。

图 11.2-4　圆形悬吊平台

11.2.4　附加平台

当建筑外立面造型多变，为满足施工作业的要求，也可以在悬挂平台的横向或者纵向增加附加平台。但是只能在常规吊篮平台上加装，保证同一吊篮仅采用一种特殊安装形式。同时为了不对整体提升机构的稳定性、平衡性造成无法调整的影响，横向副篮长度不得超过 1.2m，面积不得超过 $1m^2$，纵向安装，副篮长度不应超过 1m，宽度应与悬吊平台相匹配。而且增设附加平台作为特殊型悬吊平台的一种，专项施工方案也应组织技术论证，作业时还应重点关注横向水平倾角以及载重。随着应用的普遍性，有的厂家更改了提升机安装架的结构形式，提升了人员的可通过性。附加平台如图 11.2-5 所示。

图 11.2-5　附加平台

11.3　特殊型悬挂机构

11.3.1　特殊型定制加高悬挂支架

　　女儿墙是建筑物屋顶周围的矮墙，主要作用是维护安全、防水，根据国家标准规范规定，上人屋面女儿墙的高度一般为 1.1～1.5m，根据这个数据，吊篮调节高度一般在1.15～1.75m。女儿墙过高或存在外围遮挡使吊篮标配支架安装高度受限时，应委托厂家对支架和配重方案重新设计，定制特殊型号加高支架，并在专业技术人员的指导下安装。

　　如果前（后）支架增高，高度未超过 3m（图 11.3-1），前支架可以不设置拉结措施，但应设置侧向的稳定装置，如剪刀撑，撑杆采用角钢时规格要大于 50mm×5mm，夹角为 40°～60°，而且立杆规格要大于原立杆，也就是上大下小，控制自由度，连接螺栓的数量也要和原来的设置一样，且不能少于两个，增高后采取测量的方式，核定垂直度，误差不能超过 5cm。

　　如果前（后）支架增高后高度大于 3m（图 11.3-2），前立杆就要和建筑结构做拉结措施，而且后立杆还要依据我们前文的要求设置侧向稳定措施，拉结点的数量由计算确定，如果采用型钢设置，它的截面积要比悬挂装置的立杆截面积大。但是有一点应该注意，悬挂装置增高后最大高度不应大于 6m。

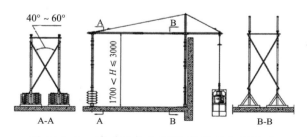

图 11.3-1　前（后）支架增高高度未超过 3m

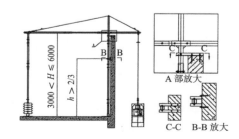

图 11.3-2　前（后）支架增高高度超过 3m

11.3.2 特殊型定制加长悬挂支架

定制加长悬挂支架应考虑两种情况：第一种，当前梁外伸长度为 1.7～1.9m（图 11.3-3）时，悬挂装置原结构可以不作改变，但是就不能按照说明书设置了，要按相应计算公式重新计算起升机构的额定载重量，计算得出数值之后还要乘以 0.9 的安全折减系数，保障安全冗余；第二种，前梁外伸长度大于 1.9m，那就相应的要采取加强措施了，应该在外伸长度的中间位置增加第三类钢丝绳，保证受力均匀，还要加大前梁的材料规格，但是不管如何去增长外伸长度一定不能超过 2.8m，同时也不能忘了二次计算额定载重量。图 11.3-4 为前梁外伸长度为 1.9～2.8m 的悬挂支架。

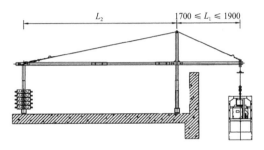

图 11.3-3 前梁外伸长度为 1.7～1.9m

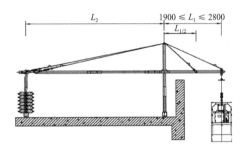

图 11.3-4 前梁外伸长度为 1.9～2.8m 的悬挂支架

11.3.3 悬挂机构后拉钢丝绳固定

特殊型悬挂机构可以说是三种类型里面种类比较繁多的，除了定制加长、加高外，还可以取消后支架和配重系统后，换钢丝绳拉结作为固定模式。

后支架和配重系统的取消，造成悬挂机构整体受力重心转移，以前支架悬高部分、后梁、钢丝绳形成了直角三角体系结构的三边，首先外伸前梁 L_1 要求小于 1.5m，要控制三角体系外的连接结构尺寸，数值越小，结构稳定性越强，其次前支架主节点悬高要小于 40cm，钢丝绳与后梁的距离 H 要求小于 5m，直角三角形的长边尺寸只能减小不能增大，后梁 L_2 要求大于 1.5m，保障直角三角形的短边长只能增长不能减小。后拉钢丝绳宜呈 15°～30° 的角度在两侧对称布置，单侧后拉钢丝绳不应少于 2 根，规格不应小于吊篮工作钢丝绳，如果后拉钢丝绳用锚固件固定，锚栓的直径大于 1.6cm。悬挂机构后拉钢丝绳固定实物图和节点图如图 11.3-5、图 11.3-6 所示。

图 11.3-5　悬挂机构后拉钢丝绳固定实物图

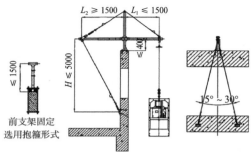

图 11.3-6　悬挂机构后拉钢丝绳固定节点图

11.3.4　轨道下挂设吊篮

　　轨道下挂设吊篮，它的工作原理其实与塔式起重机有些相似，同样设有行走小车，行程制动和定位装置，不同的就是两行走小车之间，考虑了其特殊性设置了定距杆，避免发生机体碰撞，而且行走小车和悬挂平台之间设有互锁功能，当悬挂平台升至制高点时，小车才可以水平方向移动，某种程度上替代了防冲顶装置。

　　相较于常规吊篮，轨道下挂设吊篮更加灵活，但是对应的风险也更大，对结构的适用性要求更高，我们在应用前首先要对轨道的承力和钢结构的连接进行检查验算，而且要重点注意，轨道行走小车要采用与轨道规格相匹配的产品，挂架的承载力要大于设计拉力的 3 倍，其他的要求就可以与标准吊篮找到一些共同点，如安全钢丝绳、工作钢丝绳应分别独立悬挂、安全钢丝绳不应固定在轨道上，吊篮应水平直线移动，不得改变方向等。轨道下挂设吊篮模拟图和节点图如图 11.3-7、图 11.3-8 所示。

图 11.3-7　轨道下挂设吊篮模拟图

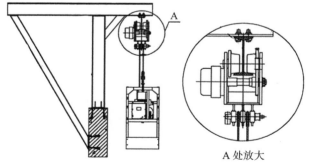

图 11.3-8　轨道下挂设吊篮节点图

11.3.5 女儿墙卡钳

还有一种就是女儿墙卡钳，一般适用于承重女儿墙结构，当前市场上应用较为普遍，对比传统的杠杆式悬挂机构最明显的优点就是取消吊篮配重及后部支架，实现在建筑外立面施工的同时不影响屋面防水、垫层等分项工程施工，避免施工界面冲突，有效地节约了工期。但是该设备由于结构设计原因，并不适用于高层建筑，且存在左右滑移风险。现场使用女儿墙卡钳时，应委托吊篮原厂提供，女儿墙卡钳应提供安全试验报告、配备使用说明书和产品合格证；女儿墙卡钳安装前应核实确认女儿墙的承载力，保证满足安装条件。针对具体的结构设计，应与悬挂机构后拉钢丝绳固定的模式有一些相似，悬挂装置同样将整体的受力重心前移，取消了后支架更改为辅助钢丝绳，绳体呈15°~30°角在两侧对称布置，在安装过程中大家应注意钢丝绳直径不应小于工作钢丝绳，以免稳定受力计算无法通过；当辅助钢丝绳采用锚固件固定时，埋件及锚栓应该经计算确定，且锚栓直径应该大于 1.6cm，并不得直接承受拉力，也就是说绳体不得直接拉结在锚栓上，避免其经过一部分动能转换后造成脱落。

同一个吊篮不应该有两种特殊形式，所以女儿墙卡钳支架安装后，前梁外伸长度不应大于 1.5m。女儿墙卡钳实物图和节点图如图 11.3-9、图 11.3-10 所示。

图 11.3-9 女儿墙卡钳实物图

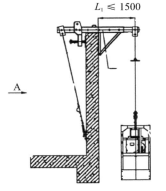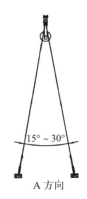

图 11.3-10 女儿墙卡钳节点图

基坑工程篇

第 **12** 讲 基坑施工现场安全管控要点

近年来随着我国城市建设的高速发展，地下空间的充分利用越来越得到重视，带有地下室的高层建筑物与其周边相邻的裙房、下沉式广场、地下车库、地下商场等辅助建筑物所形成广场式大底盘建筑群大量出现。所以需要加强基坑工程安全管控。

基坑工程安全管控分为：开挖阶段、施工阶段、回填阶段、异常处理四个阶段进行管控。在四个阶段我们要重视以下内容：（1）开挖阶段，包括地下管线排查、机械运行管理、基坑防护搭设；（2）施工阶段，包括基坑支护施工、基坑降水监测、日常基坑监测；（3）回填阶段，回填准备工作、回填施工管控、回填中止管理；（4）异常处理：人员紧急避险、安全警戒防护、后续救援处理。

12.1 开挖阶段

12.1.1 地下管线排查

重视地下管线排查，擅自处理会影响正常生产运行；地下管线的法律条文明确规定；处理不当会引发安全事故发生。同时，挖断光缆将会面临刑事处罚。

《中华人民共和国刑法》（以下简称《刑法》）规定，过失犯破坏电力设备罪的处三年以上七年以下有期徒刑；情节较轻的，处三年以下有期徒刑或者拘役；造成严重后果的，处十年以上有期徒刑、无期徒刑或者死刑。

《刑法》第三百六十九条规定，破坏武器装备、军事设施、军事通信的，处三年以下有期徒刑、拘役或者管制；破坏重要武器装备、军事设施、军事通信的，处三年以上十年以下有期徒刑；情节特别严重的，处十年以上有期徒刑、无期徒刑或者死刑。

需排查的地下管线种类包括：井盖井阀、雨污管道、热力管道、电力管线、通信管线、国防光缆、能源管道。

重点排查的管线有：管线年代久远，缺少表明管线存在的资料的；实际上正在使用的管线却被误认为已经废弃的；保密电缆，一般图纸上未标明的；规划设计管线与竣工图不符，实际上位置已变化的。

12.1.2 机械运行管理

机械运行管理的要求：驾驶人员持证上岗（图 12.1-1）；车辆性能完好正常；作业人员熟悉现场；车辆运输有防尘措施（图 12.1-2）；场区内外安全行驶。

图 12.1-1　驾驶人员持证上岗　　　图 12.1-2　车辆运输有防尘措施

12.1.3 支护作业

按照项目的实际条件和施工方案选择合理的支护方式，主要是有以下 8 种方式：放坡开挖、围护墙深层搅拌水泥土、高压旋喷桩、钢板桩、钻孔灌注桩、地下连续墙、土钉墙、MW 工法。无论采用哪种支护方式，均需检查设备进场验收、合格证及使用说明书、用电安全、操作规章以及操作人员的特种作业证。支护作业实景如图 12.1-3 所示。

图 12.1-3　支护作业实景

12.1.4 基坑防护搭设

1. 坑顶防护

根据《建筑施工土石方工程安全技术规范》JGJ 180—2009 规定，开挖深度超过 2m 的基坑周边必须安装防护栏杆。《建筑地基基础工程施工规范》GB 51004—2015 规定，建筑基坑周边 1m 内严禁堆土、堆放物料。为防止坑壁滑坡，在坑顶两边一定距离（一般为 1m）内不得堆放弃土。在此距离外堆土高度不得超过 1.5m，否则，应验算边坡的稳定性。坑顶防护如图 12.1-4 所示。

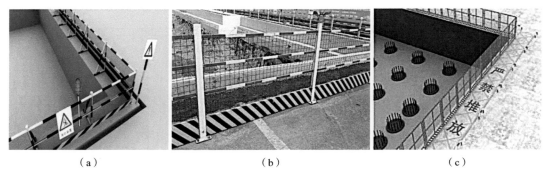

（a）　　　　　　　　　（b）　　　　　　　　　（c）

图 12.1-4　坑顶防护

（a）基坑防护示意；（b）坑顶防护实景；（c）坑顶周边 1m 严禁堆物

2. 基底措施

基坑底部设置排水沟及集水坑，并与顶部集水坑相连。基底措施如图 12.1-5 所示。

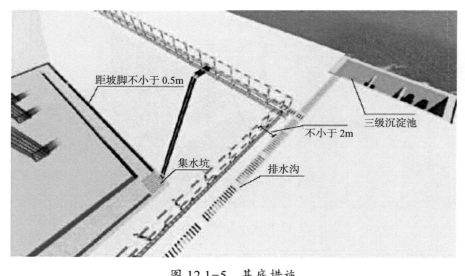

图 12.1-5　基底措施

3. 通道搭设

（1）基坑通道采用人车分流；

（2）车行通道侧面根据现场实际情况放坡；

（3）人行通道可采用全钢标准节定制式和钢管搭设式两种。

通道搭设如图 12.1-6 所示。

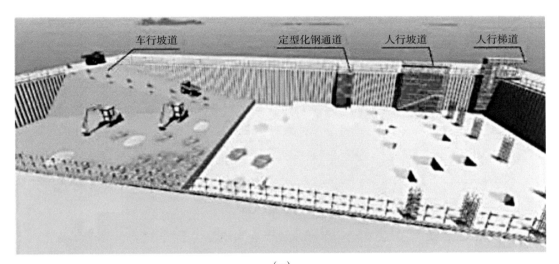

（a）

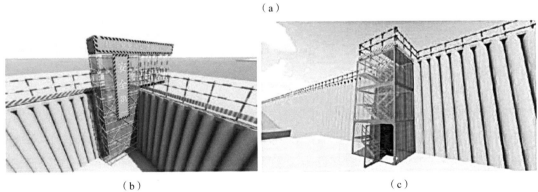

（b）　　　　　　　　　　　　　（c）

图 12.1-6　通道搭设

（a）现场通道布置；（b）钢管搭设通道示意图；（c）定型化钢通道示意图

12.2　施工阶段

12.2.1　基坑支护施工

支护原则：先撑后挖、分层开挖、严禁超挖。

基坑支护施工现场实景如图 12.2-1 所示。

（a）　　　　　　　　　　　（b）

（c）　　　　　　　　　　　（d）

图 12.2-1　基坑支护施工现场实景

（a）喷护支护；（b）钢板桩支护；（c）环形钢板桩支护；（d）钢管支护

12.2.2　基坑降水监测

1. 方案执行

依据场地地形和地貌，布置场内地表排水沟，明确排水走向，编制基坑降水方案；雨期或汛期进行基础或主体施工时，必须做排水盲沟、积水井及泄水沟，集水井内安置带有液位浮珠开关的潜污泵，基坑四周设置挡水墙，不得随意停止降水，水位应低于设计要求水位不小于 0.5m。降水方案示意图如图 12.2-2 所示。

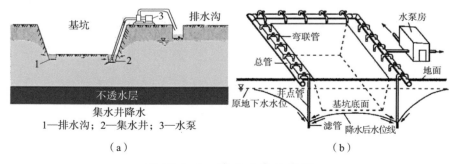

集水井降水
1—排水沟；2—集水井；3—水泵

（a）　　　　　　　　　　　（b）

图 12.2-2　降水方案示意图

（a）集水井降水断面示意图；（b）集水井降水三维示意图

2. 设备检查

监测降水所需要的临时用电；检查降水机械是否正常工作；降水设备必须一机一闸一漏。降水设备用电检查如图 12.2-3 所示。

图 12.2-3　降水设备用电检查

3. 监督施工

降水施工工艺流程图如图 12.2-4 所示。

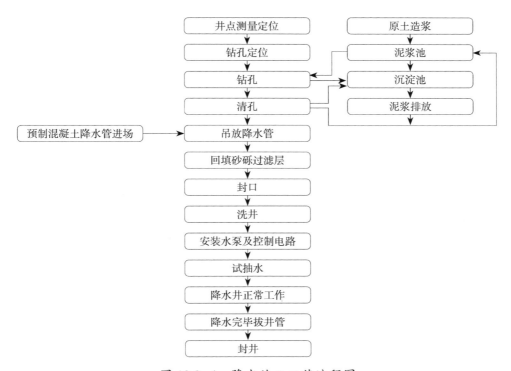

图 12.2-4　降水施工工艺流程图

12.2.3 日常基坑监测

（1）三大类破坏形式（图 12.2-5）：周边环境破坏、支护体系破坏、渗透破坏。

（a）　　　　　　　　　（b）　　　　　　　　　（c）

图 12.2-5　三大破坏形式

（a）基坑支护体系破坏；（b）周边环境破坏；（c）渗透破坏

（2）杭州某基坑发生三大类组合破坏实例分析（周围环境、支护体系、渗透）：

1）杭州土质特殊，经勘测，发生事故的这段路属于淤泥质黏土，含水的流失性强，支护体系未控制到位，未能起到预期效果。

2）事故坍塌所在地点的风情大道一直作为一条交通主干道来使用，来往车流量大，荷载过大，包括不少负载量很大的大型客车、货车都来往于这条路上，这给基坑西面的承重墙带来太大冲击。

3）当年十月份杭州出现的一次罕见的持续性降雨，使得沙土的流动性进一步加大。

（3）基坑开挖前应编制监测方案，并应明确监测项目、监测报警值、监测布置（方法和监测点的布置、监测周期）等内容。

（4）基坑工程安全等级为一级的基坑的监测项目包括（《建筑基坑工程监测技术标准》GB 50497—2019）：边坡顶部水平位移；边坡顶部竖向位移；深层水平位移；立柱竖向位移；支撑轴力；锚杆轴力；地下水位；周边地表竖向位移；周边建筑竖向位移及倾斜；周边建筑裂缝、地表裂缝；周边管线竖向位移；周边道路竖向位移。

（5）监测报警值

1）基本要求：基坑工程监测必须确定监测报警值，监测报警值应满足基坑工程设计、地下结构设计以及周边环境中被保护对象的控制要求。

2）特殊情况：当出现特殊情况时，必须立即进行危险报警，并应对基坑支护结构和周边环境中的保护对象采取应急措施。

（6）监测布置：

基坑工程监测点的布置应能反映监测对象的实际状态及其变化趋势，监测点应布置在内力及变形关键特征点上，并应满足监控要求。

　　基坑工程监测点的布置应不妨碍监测对象的正常工作，并应减少对施工作业的不利影响。

　　基坑监测方法（图 12.2-6）的选择应根据基坑类别、设计要求、场地条件、当地经验和方法适用性等因素综合确定。

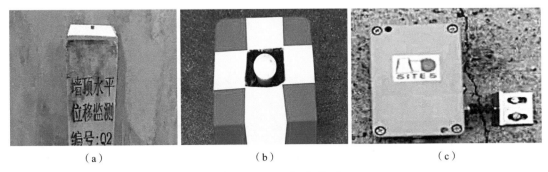

（a）　　　　　　　　　（b）　　　　　　　　　（c）

图 12.2-6　基坑监测

（a）墙顶水平位移监测；（b）地面沉降观测点；（c）沉降观测设备

（7）监测注意事项：

当出现下列情况之一时，应加强监测，提高监测频率：

（1）监测数据达到报警值；

（2）监测数据变化较大或者速度加快；

（3）存在勘察未发现的不良地质；

（4）超深、超长开挖或未及时加撑等违反设计工况的施工；

（5）基坑及周边大量积水、长时间连续降雨、市政管道出现泄漏；

（6）基坑附近地面荷载突然增大或超过设计限值；

（7）支护结构出现开裂；

（8）周边地面突发较大沉降或出现严重开裂；

（9）邻近的建筑突发较大沉降、不均匀沉降或出现严重开裂；

（10）基坑底部、侧壁出现管涌、渗漏或流砂等现象；

（11）基坑工程发生事故后重新组织施工；

（12）出现其他影响基坑及周边环境安全的异常情况。

12.3　回填阶段

12.3.1　回填准备工作

1. 基层排水、杂物清理、电缆架高防护、扬尘治理

回填前，将基坑内排水、杂物清理干净，符合回填的虚土压实，并经验收合格后方可回填。

回填准备工作如图 12.3-1 所示。

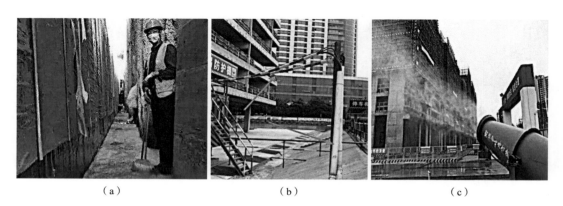

（a）　　　　　　　　　　（b）　　　　　　　　　　（c）

图 12.3-1　回填准备工作

（a）基坑清理；（b）电缆架高防护；（c）雾炮降尘

2. 土石方回填时间控制

严格控制回填时间：

（1）雨期施工：回填覆土赶在雨期前完成，且回填不提前中断降水；

（2）冬期施工：尽可能避免冬期回填，以免采用冻土或回填质量降低；

（3）结构完毕：待主体结构施工至地面以上，且建筑防水施工完成后。

12.3.2　回填施工管控

1. 降排水管理

（1）降排水管理：回填除水，回填前必须完成基坑内积水排除；

（2）基坑降水：回填过程中，不得关闭降水井；

（3）过程排水：回填时遇到积水时，必须立即组织排水。

回填过程降排水如图 12.3-2 所示。

（a）　　　　　　　　　　　　　　　　（b）

图 12.3-2　回填过程降排水

（a）过程排水；（b）基坑排水

2．土石方回填

（1）强度要求：

基础墙体达到一定强度方可回填，基础四周应同时均匀回填，避免单侧堆放重物或行走重型机械设备。

（2）控制要素：

每层回填厚度、碾迹重叠程度、含水量、回填土有机质含量、压实系数等。

（3）压实系数：

当采用分层回填时，应在下层的压实系数符合要求后进行上层回填。

3．轻骨料回填

（1）佩戴安全带、增加防坠落措施；

（2）加强临边防护、操作平台设置；

（3）回填采用泵送，制动装置可靠。

需要注意的是，回填工作并非一次而成，需做好如下三点：回填过程中暂停回填，恢复临边防护；回填中止，不停止降水，并持续监测；回填中止时，对回填土及时覆盖。土方回填检验标准如图 12.3-3 所示。

4．异常处理

当即将发生基坑坍塌等事件时，人员紧急避险，把人员安全放在第一位。同时对现场做好安全警戒防护，避免事态扩大。组织有效的抢修恢复工作。后续救援处理，特别要注意出现或即将出现的"水盆效应"。

抢救措施（图 12.3-4）：首先疏散人员；回填区域设置警戒或护栏；准备多台大水泵等降水措施迅速排水；若水压过大，或排水不畅时，地下室墙面开孔泄压。

填土施工时的分层厚度及压实遍数

压实机具	分层厚度（mm）	每层压实遍数（遍）
平碾	250～300	6～8
振动压实机	250～350	3～4
柴油打夯	200～250	3～4
人工打夯	＜200	3～4

柱基、基坑、基槽、管沟、地（路）
面基础层填方工程质量检验标准

	1	回填土料		设计要求		取样检查或直接鉴别
一般项目	2	分层厚度		设计值		水准测量及抽样检查
	3	含水量		最优含水量 ±2%		烘干法
	4	表面平整度	mm	±20		用 2m 靠尺
	5	有机质含量		≤5%		灼烧减量法
	6	碾迹重叠长度	mm	500～1000		用钢尺量

场地平整填方工程质量检验标准

项目	序号	内容	允许值或允许偏差			检查方法
			单位	数值		
主控项目	1	标高	mm	人工	±30	水准测量
				机械	±30	
	2	分层压实系数	不小于设计值			环刀法、灌水法、灌砂法
一般项目	1	回填土料	设计要求			取样检查或直接鉴别
	2	分层厚度	设计值			水准测量及抽样检查
	3	含水量	最优含水量 ±4%			烘干法
	4	表面平整度	mm	人工	±20	用 2m 靠尺
				机械	±30	
	5	有机质含量	≤5%			灼烧减量法
	6	碾迹重叠长度	mm	500～1000		用钢尺量

图 12.3-3　土方回填检验标准

（a）

（b）

（c）

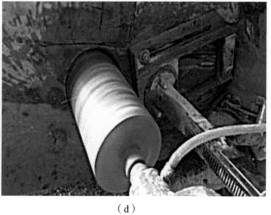

（d）

图 12.3-4　抢救措施

（a）人员紧急避险；（b）回填区域设置护栏；（c）回填区域紧急排水；（d）地下室墙面开孔泄压

第 **13** 讲 如何将深基坑安全事故"拒之门外"

13.1 什么是深基坑安全事故

13.1.1 定义

（1）深基坑是指开挖深度超过 5m（含 5m），或深度虽未超过 5m，但地质条件和周围环境及地下管线特别复杂的工程。

（2）深基坑安全事故是在深基坑施工中伤害人身安全和健康、损坏设备设施或者造成经济损失的意外事件。

13.1.2 深基坑安全事故统计数据

据通报 2019 年全国共发生 69 起土方、基坑坍塌事故，在全国建筑施工安全生产事故占比中达 9%，单从事故数量来看，排名前三。2019 年全国建筑安全事故类别占比如图 13.1-1 所示，2019 年全国较大以上事故亡人占比如图 13.1-2 所示。从图 13.1-2 可以看出，土方、基坑坍塌事故，占比近五成！

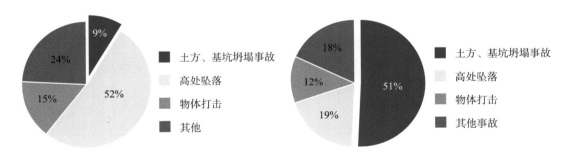

图 13.1-1　2019 年全国建筑安全事故
类别占比

图 13.1-2　2019 年全国较大以上事故
亡人占比

13.2　深基坑工程的特点

1．环境效应

环境效应主要包括土方开挖、地下水位变化、应力场的改变三个方面，产生的一般影响有：周围土体的变形、相邻建（构）筑物开裂、市政地下管网不均匀沉降等。对环境影响严重的方面有：相邻建（构）筑物及市政地下管网不能正常使用，或者直接对交通产生比较大的影响，图 13.2-1 为 2008 年杭州某项目围挡外侧人行道局部下沉。

图 13.2-1　2008 年杭州某项目围挡外侧
人行道局部下沉

2．区域性，也可以称之为个性

不同项目或者不同地区的深基坑工程都有各自的特点。比如说工程地质条件、水文地质条件、相邻建（构）筑物的位置，再比如说市政地下管网的位置、基坑抵御变形的能力等。我们举个例子，比如在沿海地区，土质为淤泥和砂土，且地下水位较高，而在内陆或山区城市，土质为硬土和岩层，地下水位较低。

3．深基坑工程的综合性

深基坑工程涉及土力学、工程力学、流体力学等多门专业学科，同时，深基坑工程是岩土工程、结构工程及施工技术相互交叉的学科，是多种复杂因素相互影响的系统工程，是理论上尚待发展的综合技术学科。

4．存在更多的不可控因素，施工容错率低

深基坑施工程序比较复杂，受到地质、环境等各种自然因素和人为因素的影响，往往因为突发的自然现象或人为过失造成深基坑的重大事故。

13.3　深基坑安全事故的类型及应急措施

在水压力、土压力的作用下，深基坑安全事故可以分为三类：周边环境受到破坏、支护体系破坏、渗透破坏。

13.3.1　周边环境受到破坏

由于降水、土方开挖会对周围土体有不同程度的扰动，引起周围地表不均匀下沉，出现围护结构变形过大、地下水位降低、路面、建筑物破坏、地下管线破坏等，图13.3-1是某地铁基坑施工引起居民楼裂缝。

图 13.3-1　某地铁基坑施工引起居民楼裂缝

如果发生了上述情况，我们应采取的紧急措施为：立即停止坑内降水，用水泥浆灌缝，用薄膜将裂缝修补处覆盖，避免雨水流入，持续观察，必要时对地面进行钻孔灌砂或补浆。如遇到围护结构变形等，应立即停止开挖、及时回填，也可在基坑内侧堆填砂石施加荷载以抵抗结构变形；遇到建筑物不均匀沉降等，要立即停止开挖和降水，坑外回管井回灌补水，尽力恢复地下水位。

13.3.2　支护体系破坏

支护体系破坏分为墙体折断、整体失稳、基坑踢脚隆起破坏、锚撑失稳。

如果发生了上述情况，我们应采取的紧急措施有：在失稳边坡外侧卸载或在内侧回填，稳定边坡。在坡脚设置排水明沟和集水坑，设置大功率水泵抽水。在相邻开挖土层的坡面上采用钢丝网水泥砂浆抹面的方法进行护坡。在失稳的深基坑周围打设井点进行降水。在深基坑周围和坑内进行注浆加固，加设支撑。

13.3.3 渗透破坏

渗透破坏主要分三类，第一类是流砂（图 13.3-2），流砂主要是指在饱和含水地层（特别是有砂层、粉砂层或者其他的夹层等透水性较好的地层），由于围护墙的止水效果不好或止水结构失效，致使大量的水夹带砂粒涌入基坑。第二类是基坑管涌（图 13.3-3），在砂层或粉砂底层中开挖基坑时，在不打井点或井点失效后，会产生冒水翻砂（即管涌），严重时会导致基坑失稳。第三类是突涌破坏（图 13.3-4），突涌主要是由于对承压水的降水不当，在隔水层中开挖基坑时，当基底以下承压含水层的水头压力冲破基坑底部土层，发生坑底突涌破坏。

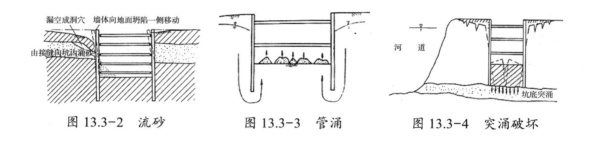

图 13.3-2　流砂　　　　　图 13.3-3　管涌　　　　　图 13.3-4　突涌破坏

13.4　避免深基坑安全事故发生的措施

13.4.1　要求

（1）组织。深基坑施工前作业人员必须按照施工组织设计及施工方案组织施工。

（2）环境。深基坑施工前，必须掌握场地的工作环境，如了解建筑地块及其附近的地下管线、地下埋设物的位置、深度等。《中华人民共和国建筑法》规定，建设单位应当向建筑施工企业提供与施工现场相关的地下管线资料，资料必须真实、准确、齐全，施工单位应当采取措施加强保护。

（3）降水。基坑开挖前，通过降水提高坑内土体的水平抗力，减少基坑的变形量。施工降水不宜过快，降水过程中应加强周边建筑物、地下管线和地表沉降的监测，同时在坑外地面设回灌井，必要时应采取回灌措施，确保周边建筑物安全。在基坑开挖施工中，发现监控数据接近或超过警戒值时，应立即分析原因，准确地找出施工过程中存在的问题及时调整施工步骤，采取相应的对策，便能有效控制基坑变形，确保基坑安全。

（4）荷载。《建筑地基基础工程施工规范》GB 51004—2015 规定，建筑基坑周边1m 范围内严禁堆土、堆放物料。

（5）开挖。基坑开挖分层进行，从上到下逐层开挖，严禁超挖和掏底开挖，同时开挖过程要与支撑架设同步施工。开挖段的长度必须根据基坑深度和坡度合理确定，不宜过长。当基坑挖至设计标高后，必须马上浇筑垫层混凝土，进一步减小基坑变形值。底板混凝土必须在 5~7d 内完成，相应结构层施工及时跟上，以建立永久的受力平衡体系，从根本上控制基坑变形。

13.4.2　一项加强

在施工中遇到未见过的地质情况几乎是常态，再详细的地质资料可能都无法保证施工中的精准。所以这就要求监测单位必须定期通报基坑变形监测情况，当监测值超过预警值时，应立即通知相关单位，分析原因、采取措施、防止事故的发生。

第 **14** 讲 立足动态风险识别、做好基坑安全管控

14.1 各类深基坑安全的风险识别及成因分析

14.1.1 基坑坍塌风险辨识及成因分析

（1）周边环境踏勘调查纰漏：基坑支护施工前对周边环境了解不够，对基坑周边建筑的基础形式、地下室情况，周边的河流情况，周边的道路、管线等情况了解不详细，不能掌握基坑施工对周边的影响和地下环境对基坑施工的影响，而盲目施工。造成基坑邻近建（构）筑物开裂、倾斜甚至倒塌、邻近公用设施损坏、周边道路开裂、塌陷、基坑邻近地下管线断裂破损等风险。

（2）违章施工：施工过程中违反施工方案和施工流程，对支护结构安全性、专业性认识不足，土方开挖、支护施工、基坑监测为不同的参建单位，无统一的组织协调，相互配合的不好，导致基坑超挖、支护跟不上，使支护结构出现变形，甚至破坏，边坡滑移。还有一些支护不及时、挖土与支护严重脱节、基坑开挖后长时间暴露的情形，都会形成坍塌隐患。

（3）盲目降低支护造价：个别开发商为了降低成本、减少工程造价，对深基坑安全风险认识不足，不适当的参与选择或强行拍板开挖方法或者支护方案，要求设计单位尽可能简化支护形式降低支护费用，如采取自然放坡、土钉墙、锚杆等费用较少的围护形式，或简化止水形式、降水设施等，造成强度、变形、防渗、耐久性等低要求的情况。

（4）坑边堆载过大或堆载距离不符合要求：边坡一定范围堆置土方或其他材料、设备等，甚至有大型车辆、泵车等过于靠近基坑边缘，造成边坡顶部堆载达到设计限值引发位移或坍塌。又或受车辆、施工机械等外力扰动影响，造成受拉构件内力反复变化，例如桩杆体与腰梁产生相对滑动，出现构件卸力，引发群锚效应等风险。

（5）基坑监测或基坑安全巡视不到位：基坑开挖及使用过程中监测单位未按经论证评审通过的监测方案实施变形监测，未对毗邻建（构）筑物、重要管线和周边道路进行沉降监测，或监测频率不足，未起到指导施工的作用，支护结构位移达到报警值时未在第一时间获取信息，未及时采取相应措施，致使险情出现。

14.1.2 施工过程中高处坠落风险识别及成因分析

深基坑高处坠落风险辨识可分为人的原因和物的原因，人的原因主要包括：违章指挥、违章作业、违反劳动纪律的"三违"行为。物的原因主要包括以下几方面：

（1）高处作业的安全防护设施的材质强度不够、安装不良、磨损老化等；

（2）安全防护设施不合格、装置失灵而导致事故；

（3）深基坑、高边坡、泥浆池等临边处未设置牢固可靠的防护栏杆和安全警示标志。

引发高处坠落隐患的共性问题：

（1）未制定相应安全技术措施方案；

（2）安全技术措施方案未经有效审批、审核就采用；

（3）高处作业采用的工具设施未经验收就违规使用；

（4）作业前未对相关人员进行安全教育或未进行安全专项交底；

（5）违反规定或未按专项施工方案要求进行高处作业。

14.1.3 施工过程中车辆伤害风险识别及成因分析

深基坑施工过程涉及车辆伤害的设施、车辆主要包括：混凝土车、材料运输车、泵车、送油车、挖掘机、装载机、吊车、普通车辆等，驾驶员安全意识和操作技能不足、特种作业人员无证上岗安全意识淡薄，相关司机特种作业技术不娴熟，熟悉程度不够，是造成车辆伤害事故的重要原因。风险辨识如下：

（1）施工现场未按照场内交通及车辆的管理制度、教育制度及检查制度严格执行，未督促相关人员严格遵守，造成错误的操作和行驶行为；

（2）未针对现场实际条件环境制定相应措施方案，对现场人员车辆伤害专项教育、专项交底未有效落实，或各项措施和操作规程执行不力落实不好，有章不循，造成驾驶员的安全意识逐渐淡化，从而引发车辆伤害事故；

（3）施工现场设备管线、坑洞繁多，道路条件差视线不开阔，混凝土车、材料运输车、渣土车辆等进出场时行驶速度过快，驾驶员违章驾驶，疲劳作业，由于心理或生理方面的原因，没有及时、正确地观察和判断道路情况，而造成失误，瞭望观察不周，遇到情况采取措施不及时，也有的只凭主观想象判断情况，或过高地估计自己的经验技术，过分自信，引起操作失误导致事故；

（4）车辆出入无人指挥或人员违章指挥，多线指挥，指挥人员未经过培训站位错误等，造成车辆司机盲目是从，未正确辨识行走线路中的各种风险因素，造成伤害。

14.1.4　施工过程中动火作业风险识别及成因分析

　　动火作业是深基坑施工中常见的一种作业，也是风险较大、事故多发的一种作业。在构成火灾的可燃物、助燃物、点火源三要素中，动火作业主动提供了点火源，因此如果可燃物管理不好，在有空气环境下必然引发火灾。基坑支护施工中动火作业范畴主要包括：使用电焊、气焊（割）、喷灯、砂轮锯（禁火区内）等进行的作业。基坑施工过程动火作业发生事故，其原因是对动火作业时的安全风险识别不清，方案制度不完善，因而使风险管控措施不到位所造成。现场操作方面主要表现在：

　　（1）在基坑腰梁或锚杆位置高空动火作业时，无动火证及高空作业证动火，火花飞溅无防护措施，动火点下部及周围的可燃物（如油料、油漆、毛毡等）未彻底清除，下部阴井、地沟、孔洞未封闭或未盖严，焊渣掉落引燃可燃物就会引发火灾。

　　（2）基坑周边动火或交叉作业动火时，未升级管理，无隔离措施，未制定切实有效的动火方案，在钢筋笼或锚杆制作安装时周围有其他劳务队使用的气割液化气罐，或与防水施工、油漆施工交叉作业时周围存在的易燃易爆气体，如未清理干净遇火焰或高温即引起燃烧爆炸事故。

　　（3）在受限空间内动火作业时存在的风险。如：在基坑回填过程中，基坑侧壁与建筑外墙之间的狭小空间，地下室集水坑、电梯井内封井作业时，动火前未经采样分析化验合格，无专人监火，受限空间外未安排专人看守，周围未配备足够的灭火器材，因受限空间内空气流通不畅，靠近可燃物料（如外墙防水保温材料等）易燃物，再加上受限空间内人员疏散不便，若无精细应对措施，还会增加对人员的伤害风险。

14.2　源头把控，做好勘察、设计、施工、监测各阶段技术方案的把关

　　根据深基坑工程建设期的主要风险事件和风险因素辨识、分析后，建立精准、适合的风险因素清单，并按照项目进展进行动态调整。深基坑风险因素的源头把控应重点结合具体的自然环境、工程（水文）地质、工程自身特点、周边环境以及安全管理等方面的实际状况，动态分析深基坑具体风险的成因和源头，在设计方案、施工方案的制定及落实中发力、把关。深基坑风险源头划分为勘察报告、设计方案、施工方案、监测方案四个源头。

14.2.1　深基坑风险源头——勘察报告

　　地质资料是深基坑设计、施工最重要的依据之一，也是基坑支护结构适用的源头，

同样的支护方案，地质条件不同，方案的安全程度也不同。

（1）勘察单位应当根据工程实际及工程周边环境资料，在勘察文件中说明地质条件可能造成的工程风险，为设计及施工方案的制定提供依据，也为施工阶段的风险控制提供相关的信息。

（2）建议合理的深基坑支护形式，提供准确的岩土物理力学参数，尤其是抗剪强度指标，要说明其试验方法和适用工况条件。

（3）针对深基坑工程降排水需要，进行专项水文地质勘察，查明地下水类型、补给和排泄条件，分析评价各含水层对基坑工程的影响。

14.2.2　深基坑风险源头——设计方案

为确保施工安全，防止基坑事故发生，支护设计方案应综合考虑基坑周边自然环境因素、基坑类型、基坑开挖深度、降排水条件、周边环境对基坑侧壁位移的要求、基坑周边荷载、施工季节、支护结构使用期限等因素，做到合理设计、精心施工、经济安全。对深基坑安全风险，设计阶段要综合考虑和采取以下措施：

（1）基坑设计必须考虑施工过程的影响，进行土方分层开挖、分层支护、逐层锚拉锁定的全过程分析。判定开挖深度、支护选型及降水措施的合理性，充分考虑工程结构、周边环境、工程地质、施工工期及可行性，是否安全、合理、经济，尽可能使实际施工的各个阶段，与计算设定的各个工况一致。

（2）基坑设计时要充分考虑不良地质（如软土流变特性）的时间效应和空间效应，对基坑安全带来的影响，对周边建（构）筑物、管线带来的影响；充分考虑特殊土在温度、荷载、形变、地下水等作用下的特殊性质，并对施工和周边环境保护提出合理性建议。

（3）要充分认识施工过程的复杂性，如经常发生的超挖现象、出土口薄弱位置、重车振动荷载和行车路线、施工栈桥和堆土布置等，分析总体施工顺序及施工的可行性，在设计方案中融入以上因素精准验算，满足支护结构的安全性。

（4）设计方案中需重视周边环境监测，研究基坑监测警戒值合理取值范围，在安全稳固的基础上，确保监测方案条件适用。

（5）实行基坑动态设计和信息化施工：根据监测数据（内力、变形、土压力、孔隙水压力、潜水及承压水水头标高等），分析验证设计参数；通过计算预测下一工况支护结构内力和变形；必要时，需进行设计变更、调整施工方案。

14.2.3　深基坑风险源头——专项施工方案

严格按照设计和规范的要求编制施工方案，确保深基坑施工方案的科学性、合理性，并结合工程实际，加强方案编制和审批，及时组织基坑施工方案专家论证，从源头上对工程安全生产进行有效的控制。将施工中可能发生的安全隐患消灭在"萌芽"状态，为深基坑安全控制打下良好的基础。具体为：

（1）深基坑支护工程施工前应由项目负责人牵头，组织项目技术人员编制专项施工方案。

（2）深入了解地质特性与周边环境：在基坑施工方案制定前，需要对周边环境资料按设计图纸进行现场核实，了解建筑场地及其附近的地下管线、地下埋设物的位置、深度、结构形式及埋设时间等。

（3）全面识别基坑安全风险后，针对各风险进行评价，确定风险等级并绘制现场风险空间分布图，重点区域重点监控。

（4）降水与开挖：基坑开挖前，降水工作需提前开展，开挖过程中，要经常检查降水后的水位是否达到设计标高要求，安排专人巡视基坑周边情况，如发现明显沉降或坑壁渗漏情况，应立即停止施工，分析原因后制定可行措施处理。

（5）交叉施工安全布置：基坑挖土过程中，穿插进行支护施工。深入坑壁的钻孔应遵循快进慢退的原则，以便最大程度地降低对周边地层的扰动，土方分层、分区段开挖的范围应和支护锚杆的设置位置一致，满足支护施工机械的要求，同时也要满足土体稳定性的要求。

（6）安全生产保证措施：施工前后对所有施工人员进行安全教育和安全交底，增强全员的安全生产意识，牢固树立"安全第一，预防为主"的观念，明确安全生产目标，严格执行《安全生产管理制度》。

（7）建立和完善应急救援体系应急预案，定期进行演练，稳妥处理突发事件。要建立和完善应急救援体系，做好相关的教育和培训；储备好应急救援设备，做到有备无患。

14.2.4　深基坑风险源头——基坑监测

（1）深基坑的监测是防止支护发生险情的重要手段，在支护设计时应提出监测要求，由有资质的监测单位编制监测方案，经设计、监理认可后实施。对超过一定规模的危险性较大的深基坑工程，监测方案应组织专家论证。

（2）监测方案应包括监测目的、监测项目、测试方法、测点布置、监测周期、监测项目报警值、反馈制度和现场原始状态资料记录等内容。

（3）监测项目的内容有：基坑顶部水下位移和垂直位移、基坑顶部建（构）筑物变形等。监测项目的选择应考虑基坑的安全等级、支护变形控制要求、地质和支护的特点。监测方案可根据设计要求、护壁稳定性、周边环境和施工进程等因素确定。监测单位应定期向施工单位和监理单位通报监测情况，当监测值超过报警值时应立即通知设计、施工和监理单位，分析原因，采取措施，防止事故的发生。

（4）基坑监测：基坑从开挖至回填期间都必须对基坑进行监测，需对支护结构和周边环境进行全面监测。基坑监测对基坑支护状态进行及时预报，通过对监测数据的分析，可确保基坑内的人、机、物的安全，也可为后续工作提供可靠的保障。

14.3 施工过程严格管理，各类风险绝对安全可控

14.3.1 基坑坍塌管控指标及防治措施

（1）勘察资料不详细导致设计出现偏差的防治措施：勘察技术人员在实际工作中要熟练掌握必要的技术管理方法，以及丰富的地质勘察技术理论知识。实现地质勘察技术工作的专业化、规范化。运用先进的管理方法以及管理措施，实现地质勘察技术的数字化管理，确保地质勘察信息数据的准确性。为后续的设计依据提供保障。

（2）专项施工方案制定不完善或未有效审批的防治措施：大于或等于 5m 的深基坑属于专家论证范畴，应编制专项施工方案，并对专项施工方案进行论证，施工单位严格按照审查、论证通过的方案组织施工，不得擅自修改专项施工方案。

（3）基坑支护未掌握周边环境而盲目施工的防治措施：深入了解地质特性与周边环境，深基坑工程开工前必须对周边管线进行安全性确认，首先结合设计方案中的基坑周边建筑图对现场地形及周边环境情况进行踏勘核对，充分了解周围管线的分布及周边建筑物情况，对地上地下管线进行实地探测调查，结果由项目负责人签字确认。

（4）基坑周边堆载或车辆荷载超过设计限值的防治措施：立即整改，卸除超出限值的荷载。施工材料堆放、机械设备停放或重型车辆通行等应尽量远离基坑边，不得超过设计方案要求的地面荷载限值。

14.3.2 高处坠落管控指标及防治措施

（1）强化劳务分包方选择使用的准入制度，建立合格供方名录，定期审查劳务方的资质、能力、信用、教育培训等情况，做到人员高素质作业。

（2）与劳务分包方签订安全协议书，落实责任划分，在安全生产和文明施工方面精准定责。

（3）对高处作业人员进行安全教育和班前培训。

（4）重点部位项目，严格执行安全管理专业人员旁站监督制度。

（5）随施工进度及时完善各项安全防护设施，各类孔口、井坑、基坑沿边设置防

护栏杆的同时必须设置警示牌。

14.3.3　车辆伤害管控指标及防治措施

（1）制定完善的交通及车辆管理制度、教育制度、操作规程及检查制度，对上岗人员定期教育培训，安全员严格落实各项检查，监督相关司机及操作人员严格遵守，减少错误的操作和行驶行为。

（2）针对现场实际条件环境制定相应措施方案，进行现场人员车辆伤害专项教育、专项交底，定期开展操作规程考试，强化司机及操作人员的安全意识，降低因司机引发车辆伤害事故的概率。

（3）现场司机及操作人员必须持证上岗，并熟悉有关的安全生产规章制度和安全技术操作规程，掌握本岗位的安全操作技能，未经安全生产教育和培训或不懂车辆机械安全技术操作规程的司机，禁止独立上岗作业。

（4）现场管理人员必须具备深基坑施工过程的安全生产知识和管理能力，不得违章指挥。司机需服从分配。操作前要执行车辆检查，下班时要再次检查，并关闭各类开关，清除不安全因素。

14.3.4　动火作业管控指标及防治措施

（1）做好动火作业的风险管控，就必须针对动火作业环节可能存在的各种风险，制定相应的管控措施。

（2）要做好作业前的准备工作。作业前施工班组应对作业场所进行预处理，以满足动火安全要求。

（3）要做好动火前安全交底工作。作业前，应向拟实施动火作业人员告知作业现场及周围情况。

（4）做好易燃易爆气体的检测分析工作。对可能存在易燃易爆气体的场所应事先进行气体检测，一旦出现超限，立即停止作业。

（5）要做好作业前的审批确认工作。动火证是动火作业审批的重要凭证，作业前必须严格进行动火证的审批。

第 **15** 讲 让基坑更加安全

随着我国城市建筑规模的不断加大，各类建筑工程不断涌现，基坑开挖支护项目也越来越多，对基坑支护的要求也越来越高，同时基坑的安全问题也不断出现，近年来全国各地的基坑坍塌等安全事故也是时有发生。这就迫使我们工程人员必须要重视基坑的安全问题。因此，如何让基坑更加安全，保证工程的顺利进行，也就显得格外重要。

15.1 基坑的概念、特点及支护形式

15.1.1 基坑的概念

基坑工程指为保证地面向下开挖形成的地下空间在地下结构施工期间的安全稳定所需的挡土结构及地下水控制、环境保护等措施总称。

基坑工程是集地质工程、岩土工程、结构工程和岩土测试技术于一身的系统工程。其主要内容包括：工程勘察、支护结构设计与施工、土方开挖与回填、地下水控制、信息化施工及周边环境保护等。基坑施工最简单、最经济的办法是放坡开挖，但经常会受到场地条件、周边环境的限制，所以需要设计支护系统以保证施工的顺利进行，并能较好地保护周边环境。某基坑工程实景如图 15.1-1 所示。

图 15.1-1 某基坑工程实景

15.1.2　基坑的特点

（1）基坑工程具有较大的风险。基坑支护体系一般为临时措施，其荷载、强度、变形、防渗、耐久性等方面的安全储备较小。

（2）基坑工程具有明显的区域特征。不同区域具有不同的工程地质和水文地质条件，即使同一城市也可能会有较大差异。

（3）基坑工程具有明显的环境保护特征。基坑工程的施工会引起周围地下水位变化和应力场的改变，导致周围土体的变形，会对相邻环境产生影响。

（4）基坑工程理论尚不完善。基坑工程是岩土、结构及施工相互交叉的科学，且受到多种复杂因素的相互影响，其在土压力理论、基坑设计计算理论等方面尚待进一步发展。

（5）基坑工程具有很强的个体特征。基坑所处区域地质条件的多样性，基坑周边环境的复杂性、基坑形状的多样性、基坑支护形式的多样性，决定了基坑工程具有明显的个性。

15.1.3　基坑常见支护形式

基坑的支护形式主要有：悬臂桩支护（图 15.1-2）、双排桩支护（图 15.1-3）、桩锚支护（图 15.1-4）、土钉墙支护（图 15.1-5）、地下连续墙支护（图 15.1-6）、内支撑支护（图 15.1-7）等。

一个完整基坑的支护可能由上面一种或几种形式组合而成，只要掌握好以上几种支护形式，就基本可以掌控基坑施工了。

图 15.1-2　悬臂桩支护

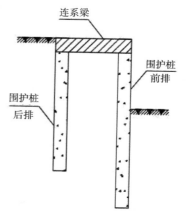

图 15.1-3　双排桩支护

图 15.1-4　桩锚支护

图 15.1-5　土钉墙支护

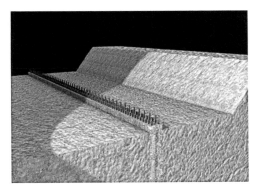

图 15.1-6　地下连续墙支护

图 15.1-7　内支撑支护

15.2　基坑工程的行业要求、地域特点及社会影响

15.2.1　行业要求（危险性较大的分部分项工程）

（1）危险性较大的分部分项工程的概念：依据《危险性较大的分部分项工程安全管理规定》（住房和城乡建设部令第 37 号）、《山东省房屋市政施工危险性较大分部分项工程安全管理实施细则》（鲁建质安字〔2018〕15 号）的有关规定，危险性较大的分部分项工程，是指建筑工程在施工过程中容易导致人员群死群伤、造成重大经济损失或严重社会不良影响的分部分项工程。

（2）危险性较大的分部分项工程的范围：开挖深度超过 3m（含 3m）的基坑（槽）的土方开挖、支护、降水工程；人工挖孔桩工程。

（3）超过一定规模的危险性较大的分部分项工程范围：开挖深度超过 5m（含 5m）的基坑（槽）的土方开挖、支护、降水工程；开挖深度 16m 及以上的人工挖孔桩工程。

（4）危险性较大的分部分项工程方案的编制：施工单位应当在危险性较大的分部分

项工程施工前组织工程技术人员编制专项施工方案。专项施工方案应至少包括以下内容:

1)工程概况:危险性较大的分部分项工程概况和特点、施工平面布置、施工要求和技术保证条件;

2)编制依据:相关法律、法规、规范性文件、标准、规范及施工图设计文件、施工组织设计等;

3)施工计划:包括施工进度计划、材料与设备计划;

4)施工工艺技术:技术参数、工艺流程、施工方法、操作要求、检查要求等;

5)施工安全保证措施:组织保障措施、技术措施、监测监控措施等;

6)施工管理及作业人员配备和分工:施工管理人员、专职安全生产管理人员、特种作业人员、其他作业人员等;

7)验收要求:验收标准、验收程序、验收内容、验收人员等;

8)应急处置措施;

9)计算书及相关施工图纸。

(5)危险性较大的分部分项工程方案专家论证:对超过一定规模的危险性较大的分部分项工程,施工单位应当组织召开专家论证会对专项施工方案进行论证。实行施工总承包的,由施工总承包单位组织召开专家论证会。专家论证前专项施工方案应当通过施工单位审核和总监理工程师审查。以下人员应当参加专项施工方案专家论证会:

1)专家(不少于5名);

2)建设单位项目负责人;

3)有关勘察、设计单位项目技术负责人及相关人员;

4)总承包单位和分包单位技术负责人、项目负责人、项目技术负责人、专项施工方案编制人员、项目专职安全生产管理人员;

5)监理单位项目总监理工程师及专业监理工程师。

15.2.2　地域特点

近年来,随着城市建设的发展,出现了越来越多的深基坑工程。基坑工程作为岩土工程的重要组成部分,具有很强的地域性,在不同的工程地质和水文地质条件下,基坑工程的设计与施工方法差异较大。因此,必须结合具体的地域环境,采用不同的基坑支护结构形式。

(1)济南及周边区域基坑支护地域特点

经统计济南地区既有基坑工程项目,济南地区基坑项目共采用过以下9种支护结构:土钉墙(复合土钉墙)、喷锚支护、桩锚、钢管桩、灌注桩排桩、地下连续墙、高压旋喷桩墙、CFG桩(水泥粉煤灰碎石桩)以及微型桩。

实际基坑工程由于基坑开挖面积较大，不同开挖区域地质条件和水文条件不同，常采用以上9种支护结构的组合支护方案。其中，土钉墙支护结构占了较大密度，其次是喷锚支护。工程多采用复合土钉墙支护结构。

（2）南方基坑支护地域特点

南方像长三角、珠三角区域，以软土区域居多，一般城市要求建筑用地不能出红线，所以基坑支护以内支撑、地下连续墙方式居多。

15.2.3 社会影响

近年来，深基坑安全事故频发，造成了较大的社会影响，而一旦发生基坑坍塌事故，则会带来重大的人员伤亡，对社会造成恶劣的影响，所以基坑安全事故也是近年来安全管控的重点，需要政府、企业及工人对安全引起足够的重视。

（1）造成重大的人员伤亡。我们知道，深基坑支护作业，往往工人数量较多，如果发生坍塌事故，因事发突然，所以工人反应不及，瞬间就会被掩埋，给工人的生命安全带来严重威胁。有些项目救援难度很大，工人被掩埋后，生还的希望很小，而且又是集中作业，坍塌事故将会造成重大的人员伤亡。

（2）对社会造成恶劣影响。深基坑坍塌事故，一旦发生，往往就是大事故，会发生重大的财产损失甚至人员伤亡，也将造成恶劣的社会影响，影响极坏。

（3）对企业的声誉带来严重影响。企业一旦发生坍塌事故，造成重大的人员伤亡情况，必将受到政府的调查及重罚，轻者停业整顿，重者永久关闭，企业的最高管理者也有可能会因此而受到连带，被追究刑事责任。

15.3 保证基坑安全的具体措施

15.3.1 前期准备

（1）分析图纸会审、踏勘现场的重要性：一个基坑项目承接下来后，首先技术负责人要带领项目管理人员仔细学习研究基坑支护设计方案，做到对每个基坑支护剖面的地层情况、支护形式和支护参数都了然于胸，如果有不清楚和不明白的地方以及现场实际情况和设计图纸不符合的地方，通过图纸会审的方式及时和设计沟通。如果有条件和能力最好复核一下设计的计算情况，掌握设计在方案中的安全储备情况以及更好地了解设计的意图和思想，便于在以后的施工中有更好的发挥空间，采用最合理的施工工艺和设备。

（2）在做好前面工作的基础上，进一步完善开工前的准备资料和调查周边环境，向甲方索要基础图，核准基坑开挖深度、边界尺寸和设计图纸是否相符；一定要调查清楚基坑周边是否存在基坑开挖过程中对基坑支护结构造成破坏的潜在危险源，包括：1）周边是否存在河、沟、渠、池塘等水源地，以及它们在丰水期的最高水位；2）是否有雨水、污水管线，它们是否漏水；3）周边构筑物在基坑降水开挖之前的状态，要留有影像资料，尤其是民房、平房。

15.3.2 中期控制

（1）土钉墙的施工过程控制：土钉墙支护结构主要包括面层和土钉两项，因此土钉墙施工的质量控制主要为：

1）修坡质量（坡率是否合格）；

2）土钉的施工质量（包括成孔质量、杆体质量）；

3）面层质量（包括喷射混凝土、钢筋网、杆体与加强筋连接的质量）；

4）土钉的抗拔承载力是否满足设计要求。

土钉墙支护是出问题最多的支护形式，尤其是在雨期，90% 的基坑问题都是土钉墙支护。土钉墙施工除了控制好以上内容外，还要注意以下几个问题：

1）开挖之前一定要检查巡视基坑四周是否存在污水、雨水管线（特别是距基坑3m 以内的），以及下雨能够存水的洼地、沟池等；

2）一定复核开挖揭露的地层情况和设计剖面是否相符，有异常及时和设计沟通处理，消除事故隐患。

3）保证基坑按设计要求分层、分段开挖，避免超挖和不支护就挖到底的现象。

（2）桩锚体系的施工过程控制：在桩锚支护体系中主要构件是桩、锚索、腰梁，只要控制好这三者的施工质量，基坑一般不会出现问题。具体注意事项如下：

1）桩的施工质量控制：桩的施工质量控制包括成孔、灌注、钢筋笼。支护桩和普通基础桩的不同点：一是受力不同，普通桩只受竖向荷载，而支护桩受弯、受剪，主要抵抗水平荷载；二是桩的配筋不同，普通桩只均匀配构造筋，钢筋受力很小。支护桩要抗弯抗剪，配筋量大，而且不同截面所受弯矩、剪力不同，配筋可能不一样，悬臂桩可能前后配筋不一样；三是垂直度、桩位偏差控制标准不一样，垂直度：普通桩 1%、支护桩 0.5%，桩位偏差：普通桩位置不同而不同，支护桩小于 5cm；四是孔底沉渣控制标准不一样，普通桩要求更严一些。

2）锚索（锚杆）的质量控制：我们用的锚索（锚杆）分为三种：普通型、自钻式、扩大头锚索，根据地层条件及受力大小不同，选用不同的形式。普通锚索（锚杆）易于成孔，不用于坍孔、流砂等不利于成孔的地层中；自钻式锚杆用于碎石、流砂、杂填地层以及离构筑物基础比较近的情况；扩大头锚索一般用于基坑比较深、抗拔承载力比较大的情况，常用扩大头锚索是高压旋喷锚索，有两大优点，一是抗拔承载力高，二是解决了在水位较高的粉土、粉砂难以成锚的问题。其缺点是对地层扰动较大，要控制好施工间距。锚索施工一定要控制成孔的直径、长度、入射角度、位置、钢绞线的长度，锚索的抗拔承载力一定要达到设计要求。

3）腰梁施工的质量控制：腰梁分为钢腰梁和钢筋混凝土腰梁，钢腰梁一般由槽钢或工字钢拼装而成，钢筋混凝土腰梁是现场绑扎钢筋笼浇筑而成，就稳定性和受力情况而言，钢筋混凝土腰梁优于钢腰梁，但其施工复杂、速度慢，因此实际采用钢腰梁的比较多。不论哪种腰梁开挖到锚索位置后，都要按腰梁的尺寸人工清理出桩身来，以确保腰梁能紧密压在桩身上，也就是说必须保证腰梁和桩的刚性接触，才能保证锚索的拉力有效的传递到桩身上。腰梁的截面尺寸要保证，横向要连接完好，即横向要确保是一个完整的梁。

（3）地下水控制：地下水控制体系主要是降水井和截水帷幕。具体内容如下：

1）降水井要控制成孔直径、滤料、下滤水管、井管封底、洗井。

2）截水帷幕要控制桩径、桩位偏差、垂直度、水泥用量等。

15.3.3 后期检测及验收

基坑工程专业承包单位应按基坑支护设计要求进行基坑工程检测，并按有关规定组织基坑验收，若基坑超出设计使用期限，应及时对其安全性进行评估鉴定，经鉴定需加固的，按规定采取相应措施，不得在未采取措施的情况下超期使用。

（1）基坑工程检测

1）支护桩检测：应采用低应变检测（图15.3-1）桩身完整性，如判定为Ⅲ、Ⅳ类桩时应采用钻芯法进行验证。

2）地下连续墙检测：应检测槽壁垂直度、槽底沉渣厚度、混凝土质量，声波透射法检测混凝土质量不合格时采用钻芯法进行验证。

3）锚索（杆）、土钉检测：应进行抗拔承载力检测（图15.3-2）。

4）内支撑检测：对支撑的尺寸位置标高连接节点及施工质量进行检测。

5）重力式水泥土墙、止水帷幕检测：应用钻芯法取样进行单轴抗压强度检测。

6）喷射混凝土面层检测：对喷射混凝土现场试块强度及厚度检测。

7）原材料检测：混凝土试块强度、钢筋、钢绞线等原材料检测。

（2）基坑工程验收

1）参加基坑验收的人员包括：总承包单位和分包单位技术负责人或授权委派的专业技术人员、项目负责人；项目技术负责人、专项施工方案编制人员、项目专职安全生

图 15.3-1　低应变检测

图 15.3-2　抗拔承载力检测

产管理人员等；监理单位项目总监理工程师及专业监理工程师；有关勘察、设计和监测单位项目技术负责人；不少于 2 名原专项施工方案论证专家。

2）基坑验收的内容：基坑支护是否按设计方案进行施工；隐蔽工程应在施工单位自检合格后，于隐蔽前通知有关人员检查验收；并形成中间验收文件；基坑工程子分部工程验收，应在分项工程通过验收的基础上，对必要的部位进行见证检验；主控项目必须符合验收规定，一般项目的合格率应在 80% 以上。某基坑验收如图 15.3-3 所示。

图 15.3-3　某基坑验收

脚手架工程篇

第 **16** 讲　附着式升降脚手架

新型附着式升降脚手架彻底打破了传统升降脚手架的设计概念和结构形式，将升降脚手架的所有机构及架体构架和防护设施进行了配件标准化、模数化的全钢改造，抛弃了钢管、扣件的繁琐连接，去掉了密目网，改换成加工成型的钢框铝板冲孔网，安全可靠，稳定性强，平地低空组装成型，高空使用到封顶拆除。这不仅节省了材料租赁费，还使设备、材料现场管理变得简单。

16.1　什么是附着式升降脚手架

《建筑施工用附着式升降作业安全防护平台》JG/T 546—2019 定义，附着式升降脚手架是指搭设一定高度并附着于工程结构上，依靠自身的升降设备和装置，可随工程结构逐层爬升或下降，具有防倾覆、防坠装置的外脚手架。俗称"爬架"。附着式升降脚手架如图 16.1-1 所示。

图 16.1-1　附着式升降脚手架

附着式升降脚手架的特点：

（1）安全性

足够强度和刚度的脚手架架体、定型钢脚手板和防护网、多重可靠的防倾防坠装置、智能化的同步控制提升系统，将建筑施工的高处作业变为低处作业，将悬空作业变为架体内部作业，施工安全性能稳定可靠。

（2）高效性

从初始使用楼层开始一次性组装至 4.5 倍楼层高，随后依靠自身的升降设备和装置，随工程结构逐层爬升，中间不再倒运材料，1.5～2h 完成一层楼的提升，大大提高工作效率。

（3）智能化

采用的同步控制系统是一种主动安全的控制系统，它能实时监控各提升机位的实际荷载，通过对采集的数据分析处理，当某一机位的荷载值超过设计值的 15% 时，以声光形式自动报警和显示报警机位，当超过 30% 时，使提升设备自动停机。

16.2 附着式升降脚手架使用不当的危害

16.2.1 事故案例一

某工程电缆项目 101a 号交联立塔、101b 号交联悬链楼新建工程施工现场，附着式升降脚手架下降作业时发生坠落，坠落过程中与交联立塔底部的落地式脚手架相撞，造成 7 人死亡、4 人受伤。事故案例一现场情况如图 16.2-1 所示。

事故直接原因：

违规采用钢丝绳替代附着式升降脚手架提升支座，人为拆除附着式升降脚手架所有防坠器防倾覆装置，并拔掉同步控制装置信号线，在架体邻近吊点荷载增大，引起局部损坏时，架体失去超载保护

图 16.2-1 事故案例一现场情况

和停机功能，产生连锁反应，造成架体整体坠落，是事故发生的直接原因。作业人员违规在下降的架体上作业和在落地架上交叉作业是导致事故扩大的直接原因。

事故间接原因：

（1）项目管理混乱。

（2）违章指挥。

（3）工程项目存在挂靠、违法分包和架子工持假证等问题。

（4）工程监理不到位。

（5）监管责任落实不力。

16.2.2 事故案例二

事故案例二现场情况如图 16.2-2 所示。

事故发生的原因：

（1）组装过程中没有及时安装附墙件。

（2）底部的落地水平支撑架不牢固，未采取加固措施。

（3）组装期间每层对架体加固的拉结安装较少甚至未安装。

图 16.2-2　事故案例二现场情况

16.3　如何规范操作附着式升降脚手架

16.3.1　安装过程的注意事项

（1）安装过程中应严格控制水平梁架与竖向主框架的安装偏差。水平梁架相邻吊点处的高差应小于 20mm；相邻竖向主框架的水平高差应小于 20mm；竖向主框架和防倾导向装置的垂直偏差应不大于 5‰和 60mm。

（2）安装过程中架体与工程结构间应采取可靠的临时水平拉撑措施。确保架体稳定。

（3）作业层与安全围护设施的搭设应满足设计与使用要求。脚手架邻近高压线时，必须有相应的防护措施。

16.3.2　附着式升降脚手架安装后的调试

架体搭设完毕后，应立即组织有关部门会同附着式升降脚手架单位对下列项目进行调试与检验，调试与检验情况应做详细的书面记录：

（1）对所有螺纹连接处进行全数检查。

（2）进行架体提升试验，检查升降机具设备是否正常运行。

（3）对架体整体防护情况进行检查。

（4）其他必需的检验调试项目。

架体调试验收合格后方可办理投入使用的手续。

（5）口诀：

一看，看拉结；

二数，数螺纹；

三写，写记录；

四提，提升附着式升降脚手架。

16.3.3 附着式升降脚手架提升前的准备工作

由安全技术负责人对附着式升降脚手架提升的操作人员进行安全技术交底，明确分工，责任落实到位，并记录和签字。按分工清除架体上的活荷载、杂物与建筑的连接物、障碍物，安装电动升降装置，接通电源，空载试验，检查防坠器，准备操作工具，专用扳手、手锤、千斤顶、撬棍等。

在附着式升降脚手架升降之前，对附着式升降脚手架进行全面检查，详细的书面记录内容包括：

（1）附着支撑结构附着处混凝土实际强度已达到脚手架设计要求；

（2）所有螺栓连接处螺母已拧紧；

（3）应撤去的施工活荷载已撤离完毕；

（4）所有障碍物已拆除，所有不必要的约束已解除；

（5）电动升降系统能正常运行；

（6）所有相关人员已到位，无关人员已全部撤离；

（7）所有预留螺栓孔洞或预埋件符合要求；

（8）所有防坠装置功能正常；

（9）所有安全措施已落实；

（10）其他必要检查项目。

附着式升降脚手架首次安装完毕及使用前验收表示意图如图 16.3-1 所示。

图 16.3-1 附着式升降脚手架首次安装完毕及使用前验收表示意图

16.3.4　附着式升降脚手架的提升

　　人员落实到位，架体操作人员组织：以若干个单片提升作为一个作业组，做到统一指挥，分工明确，各负其责。下设组长 1 名，负责全面指挥；操作人员 1 名，负责电动装置管理、操作、调试、保养等全部责任；根据工期要求，可组织几个作业组各自同时对架体进行提升。作业组完成一个架体的提升的时间约为 45min。升降过程中必须统一指挥，指令规范，并应配备必要的巡视人员。

16.3.5　附着式升降脚手架使用过程中的注意事项

　　（1）附着式升降脚手架不得超载使用，不得使用体积较小且重量过重的集中荷载。
　　（2）不得超载，不得将模板支架、缆风绳，泵送混凝土和砂浆的输送管等固定在脚手架上。
　　（3）严禁悬挂起重设备，严禁任意拆除结构件或松动连接件、拆除或移动架体上的安全防护设施，起吊构件时不得碰撞或扯动脚手架。
　　（4）严禁使用中的物料平台与架体连接在一起。
　　（5）附着式升降脚手架穿墙螺栓应牢固拧紧（扭矩为 700~800N·m）。
　　（6）施工期间，定期对架体及附着式升降脚手架连接螺栓进行检查，如发现连接螺栓脱扣或架体变形现象，应及时处理。
　　（7）每次提升，使用前都必须对穿墙螺栓进行严格检查，如发现裂纹或螺纹损坏现象，必须予以更换。
　　（8）对架体上的杂物、垃圾、障碍物要及时清理。
　　（9）螺栓连接件、升降动力设备、防倾装置、防坠装置、电控设备等应至少每月维护保养一次。
　　（10）遇五级以上（包括五级）大风、大雨、大雪、浓雾等恶劣天气时禁止进行附着式升降脚手架升降和拆卸作业。

16.3.6　附着式升降脚手架拆除原则

　　（1）架体拆除顺序为先搭的后拆，后搭的先拆，严禁按搭设程序拆除架体。
　　（2）拆除架体各步时应一步一清，不得同时拆除两步以上，每步铺设的脚手板以及架体外侧的安全网应随架体逐层拆除。
　　（3）各杆件或零部件拆除时，应用绳索捆扎牢固，缓慢放至地面、群楼顶或楼面，不得抛掷脚手架上的各种材料及工具。

（4）拆下的结构件和杆件应分类堆放，并及时运出施工现场，集中清理保养，以备重复使用。

（5）拆除作业应在白天进行，遇五级及以上大风、大雨、大雪、浓雾和雷雨等恶劣天气时，不得进行拆除作业。

（6）口诀：

安全交底，签字不忘；

先搭后拆，后搭先拆；

一步一清，缓至地面；

分类堆放，捆扎牢固；

集中清理，以备后用。

第 17 讲 附着式升降脚手架安装动态跟踪与管理

近年来，我们经常看到附着式升降脚手架的身影，附着式升降脚手架不管是在文明施工、绿色环保还是经济美观方面，都比普通的钢管脚手架更具优势，这也是为什么越来越多的项目想使用附着式升降脚手架，尤其是那些创新评优的项目。随着附着式升降脚手架架体使用数量的不断增加，若使用方式和管理方法无法及时跟进，无法得到提高，那么必将会造成重大的安全隐患和事故发生。这里主要针对架体的前期选用及安装注意要点进行论述。

17.1 选架体

17.1.1 架体应用形式的转变

2021 年 8 月 16 日济南市住房和城乡建设局发布了《济南市住房和城乡建设局关于印发建筑施工安全管理十条的通知》（图 17.1–1），要求附着式升降脚手架严禁下降作业，因为在下降过程中不确定因素太多，存在的风险点不好控制。

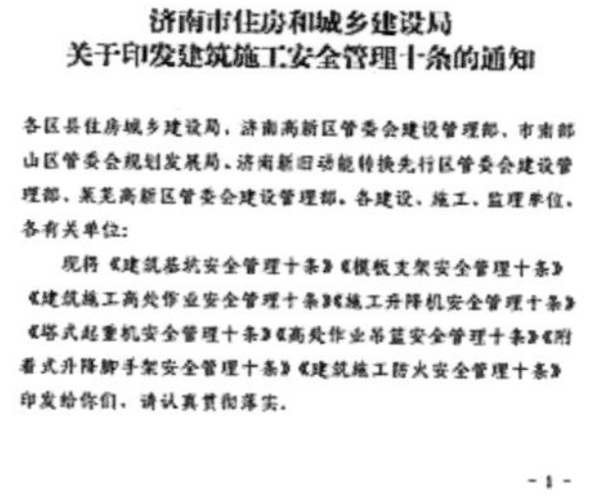
济南市住房和城乡建设局
关于印发建筑施工安全管理十条的通知

各区县住房城乡建设局，济南高新区管委会建设管理部、市南部山区管委会规划发展局、济南新旧动能转换先行区管委会建设管理部、莱芜高新区管委会建设管理部，各建设、施工、监理单位，各有关单位：

现将《建筑基坑安全管理十条》《模板支架安全管理十条》《建筑施工高处作业安全管理十条》《施工升降机安全管理十条》《塔式起重机安全管理十条》《高处作业吊篮安全管理十条》《附着式升降脚手架安全管理十条》《建筑施工防火安全管理十条》印发给你们，请认真贯彻落实。

- 1 -

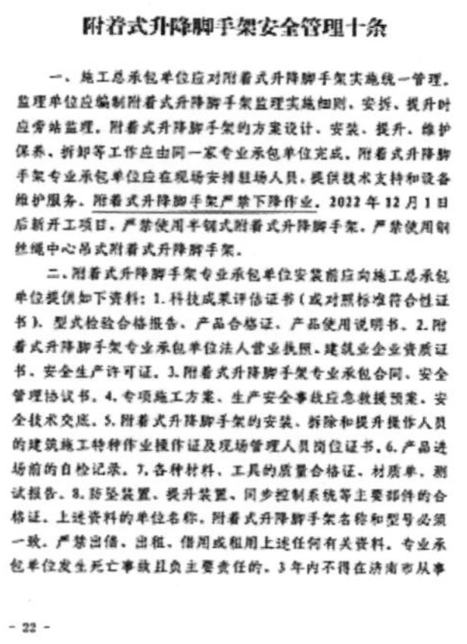
附着式升降脚手架安全管理十条

一、施工总承包单位应对附着式升降脚手架实施统一管理。监理单位应编制附着式升降脚手架监理实施细则，安拆、提升时应旁站监理。附着式升降脚手架的方案设计、安装、提升、维护保养、拆卸等工作应由同一家专业承包单位完成。附着式升降脚手架专业承包单位应在现场安排驻场人员，提供技术支持和设备维护服务。附着式升降脚手架严禁下降作业。2022 年 12 月 1 日后新开工项目，严禁使用半钢式附着式升降脚手架，严禁使用钢丝绳中心吊式附着式升降脚手架。

二、附着式升降脚手架专业承包单位安装前应向施工总承包单位提供如下资料：1. 科技成果评估证书（或对照标准符合性证书）、型式检验合格报告、产品合格证、产品使用说明书。2. 附着式升降脚手架专业承包单位法人营业执照、建筑业企业资质证书、安全生产许可证。3. 附着式升降脚手架专业承包合同、安全管理协议书。4. 专项施工方案、生产安全事故应急救援预案、安全技术交底。5. 附着式升降脚手架的安装、拆除和提升操作人员的建筑施工特种作业操作证及现场管理人员岗位证书。6. 产品进场前的自检记录。7. 各种材料、工具的质量合格证、材质单、测试报告。8. 防坠装置、提升装置、同步控制系统等主要部件的合格证。上述资料的单位名称，附着式升降脚手架名称和型号必须一致，严禁出借、出租、借用或租用上述任何有关资料。专业承包单位发生死亡事故且负主要责任的，3 年内不得在济南市从事

- 22 -

图 17.1–1 附着式升降脚手架安全管理十条

17.1.2　架体的基本构成

附着式升降脚手架从 1985 年开始研发，1996 年开始推广使用，从推广使用至今已经有 27 个年头，在使用过程中架体在不断更新、不断换代，但是有些风险性较大、局限性较高的架体仍在使用。

为降低管控的风险，济南市住房和城乡建设局发布的《附着式升降脚手架安全管理十条》明确要求：2022 年 12 月 1 日后新开工项目，严禁使用半钢式附着式升降脚手架，严禁使用钢丝绳中心吊式附着式升降脚手架。因为半钢式附着式升降脚手架（图 17.1-2）有其时代的局限性，其组合结构在安拆及使用过程中所存在的管控风险点相较于全钢式附着式升降脚手架略多。钢丝绳中心吊式附着式升降脚手架（图 17.1-3）因存在部分钢丝绳结构，相较于捯链结构附着式升降脚手架风险性较高。所以我们需要选择符合要求和适应时代的新型附着式升降脚手架。

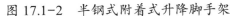

图 17.1-2　半钢式附着式升降脚手架　　图 17.1-3　钢丝绳中心吊式附着式升降脚手架

17.2　方案编制

附着式升降脚手架属于危险性较大的分部分项工程，需要编制专项施工方案，有了专项施工方案才能指导施工，还需要注意的是：如果架体提升高度在 150m 及以上的工程，是属于超过一定规模的危险性较大的分部分项工程，就需要组装专家论证，需要组织专家论证的工程包括：

（1）层高超过 4.5m（不含）（图 17.2-1）。

（2）在预制装配剪力墙、保温板上做外墙模板工程应用（图 17.2-2、图 17.2-3）。

（3）外立面结构凸凹尺寸、层高变化较大。

（4）结构复杂、造型特殊的建筑（图 17.2-4）。

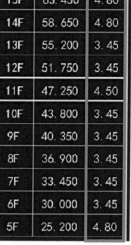

楼面标高表		
层数	楼面标高	层高
机房层	197.850	
42F	193.050	4.80
41F	188.250	4.80
40F	183.450	4.80
39F	178.650	4.80
38F	173.850	4.80
37F	169.050	4.80
36F	164.250	4.80
35F	159.450	4.80
34F	154.650	4.80
15F	63.450	4.80
14F	58.650	4.80
13F	55.200	3.45
12F	51.750	3.45
11F	47.250	4.50
10F	43.800	3.45
9F	40.350	3.45
8F	36.900	3.45
7F	33.450	3.45
6F	30.000	3.45
5F	25.200	4.80

图 17.2-1　层高超过 4.5m（不含）　　图 17.2-2　预制装配剪力墙固定
附墙支座

图 17.2-3　在预制外墙保温板处　　图 17.2-4　结构复杂造型特殊的
固定附墙支座　　　　　　　　建筑

17.3　附着式升降脚手架安装流程

17.3.1　附着式升降脚手架安装前的准备

在附着式升降脚手架安装之前对附着式升降脚手架搭设人员进行安全技术交底

图 17.3-1　安全技术交底

图 17.3-2　建筑施工特种作业
操作资格证书

（图 17.3-1），附着式升降脚手架搭设人员需要持有建筑施工特种作业操作资格证书
（图 17.3-2）。

在架体安装过程中需设置警戒线，并安排专人进行看守，防止无关人员进入警戒区，避免材料在安装过程中掉落造成物体打击伤害。

17.3.2　主框架安装

竖向主框架垂直于建筑物外立面，并与附着支承结构连接。主要承受和传递竖向和水平荷载。如竖龙骨、导轨、刚性支架等，在《建筑施工工具式脚手架安全技术规范》JGJ 202—2010 中对主框架安装要求如下：

（1）架体宽度不应大于 1.2m（图 17.3-3）。

（2）直线布置的架体支撑跨度不应大于 7m（图 17.3-4），折线或曲线布置的架体，相邻两主框架支撑点处架体外侧距离不得大于 5.4m。

（3）架体的水平悬挑长度（图 17.3-5）不得大于 2m，且不得大于跨度的 1/2。

（4）相邻竖向主框架防护面积不应大于 110m² （图 17.3-6）。

（5）架体总高度（图 17.3-7）不得大于所附着建筑物的 5 倍楼层高，公建项目不宜大于 4.5 倍楼层高。

（6）架体悬臂高度（图 17.3-8）不得大于架体高度的 2/5，且不得大于 6m。架体悬臂部分超过规定高度，应与主体结构刚性拉结。

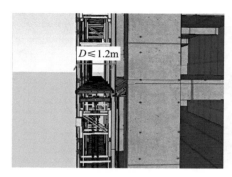

图 17.3-3　架体宽度不应大于 1.2m

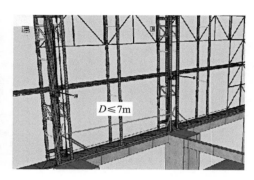

图 17.3-4　直线布置架体支撑跨度

图 17.3-5　架体水平悬挑长度

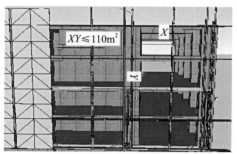

图 17.3-6　相邻竖向主框架防护面积
不大于 110m^2

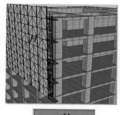

$H \leq 5h$（公建 4.5）

图 17.3-7　架体结构高度

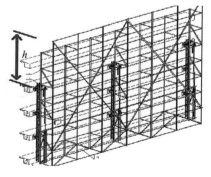

图 17.3-8　架体悬臂高度

17.3.3 防护翻板安装

《附着式升降脚手架安全管理十条》规定：附着式升降脚手架底部应设置翻板与结构封闭严密且不少于两道，作业层下方紧邻结构楼层的脚手板应加设副板、翻板，与结构封闭严密。从字面上我们能够知道两点，一是架体要保证全封闭防护，不能有任何缝隙，二是防护翻板有两道，最底部一道和中间一道，防护翻板安装如图 17.3-9 所示。

| 底部翻板 | 上部翻板 | 阴角翻板 | 阳角翻板 |

图 17.3-9　防护翻板安装

17.3.4 附墙支座安装

附墙支座是支撑于主框架，并将架体的荷载传递至主体结构的部件，《建筑施工用附着式升降作业安全防护平台》JG/T 546—2019 要求如下：

（1）竖向主框架和防倾导向装置的垂直偏差应不大于 5‰，且不得大于 60mm。

（2）预留穿墙螺栓孔（图 17.3-10）和预埋件应垂直于建筑结构外表面，其中心误差应小于 15mm。这就要求我们在预埋螺栓孔时一定要精准，避免超出规范值，如果超出规范值，后期安装时，重新打孔是非常麻烦的。

（3）附着支座支撑在建筑结构连接处，混凝土强度应按设计要求确定，且混凝土强度等级不应小于 C15，悬挂升降设备提升点处混凝土强度等级不应小于 C20，图 17.3-11 为附墙支座处混凝土强度不足导致的开裂。

（4）附墙支座应采用锚固螺栓与建筑物连接，受拉螺栓的螺母不得少于 2 个（图 17.3-12）或应采用弹簧垫片加单螺母（图 17.3-13），螺杆露出螺母端部的长度不应少于 3 扣，且不得小于 10mm，垫板尺寸应由设计单位确定，且不得小于 100mm×100mm×10mm。

图 17.3-10　预埋穿墙螺栓孔

图 17.3-11　附墙支座处混凝土强度不足
导致的开裂

图 17.3-12　受拉螺栓的螺母不得少于 2 个

图 17.3-13　弹簧垫片加单螺母

17.3.5　防倾装置的安装

防倾装置是防止架体在升降和使用过程中发生倾覆时的制动装置，《建筑施工用附着式升降作业安全防护平台》JG/T 546—2019 要求如下：

（1）防倾装置中应包括导轨和两个以上与导轨连接的可滑动的导向件，防倾装置结构如图 17.3-14 所示。

（2）在升降工况下，最上和最下两个导向件之间的最小间距，不应小于 2.8m 或平台高度的 1/4；一般情况下我们的爬架是防护四个楼层，需要准备四套附着支座。安装时，只安装三套，分别安装在一层顶板、二层顶板、三层顶板处。

（3）在使用工况下，最上和最下两个导向件之间的最小间距，不应小于5.6m或平台高度的1/2。

（4）防倾装置与导轨之间的间隙应小于5mm。

图 17.3-14　防倾装置结构

17.3.6　防坠装置的安装

防坠装置是防止架体在升降和使用过程中发生意外坠落时的制动装置，要求如下：

（1）防坠装置应设置在竖向主框架处并附着在建筑结构上，每一升降点不得少于一个防坠装置，防坠装置在使用和升降工况下都必须起作用，防坠装置结构示意图如图 17.3-15 所示。

（2）防坠装置必须是机械式的全自动装置，严禁使用每次升降都需重组的手动装置。

（3）防坠装置应具有防尘、防污染的措施，并应灵敏可靠和运转自如，图 17.3-16 为有无防污染措施对比。

（4）防坠装置与升降设备必须分别独立固定在建筑结构上（图 17.3-17）。

图 17.3-15　防坠装置结构
示意图

无防污染措施

有防污染措施

图 17.3-16　有无防污染措施对比

图 17.3-17　防坠装置与升降设备
必须分别独立固定在建筑结构上

17.3.7 同步控制系统安装

同步运行控制系统是控制架体提升运行的机构，主要由提升挂座、捯链、提升链条、同步控制传感器等组成，要求如下：

（1）同步控制装置必须具有同步升降智能安全监控系统，应有异常自动报警、自动停机等功能。

（2）相邻两机位荷载变化值超过初始状态的 ±15% 时，声光报警；超过 ±30% 时自动停机。

同步控制系统的工作原理（图 17.3-18）简单来说就是力矩传感器感受到荷载，然后传至控制箱内，控制箱会设定一个参数值，超过这个参数值范围就会动作。

图 17.3-18　同步控制系统的工作原理

第 **18** 讲 附着式升降脚手架的技术特点

18.1 附着式升降脚手架的技术特点及难点

18.1.1 附着式升降脚手架的组成

1. 导向、防倾和卸荷装置

导向、防倾、卸荷装置的作用是将架体可靠地固定于建筑结构上的装置，并将架体荷载有效地传递给建筑结构，一般附着装置上设置防倾和防坠装置，是附着式升降脚手架中最关键的受力部位之一。附着式升降脚手架卸荷方式一般可分为支座卸荷和拉杆卸荷。目前常用的是支座卸荷，如图 18.1-1 所示。

图 18.1-1 支座卸荷

2. 动力提升装置

常见的动力提升装置有捯链式和液压缸式两种，捯链式有两种荷载：正常架体高度可用 7.5t、装配式两层半架体高度可用 5.0t。

3. 防坠装置

防止架体在升降和使用过程中发生意外坠落的装置称为防坠装置，防坠装置技术性能如表 18.1-1 所示。

防坠装置一般分为摩擦式、速差式两种，摩擦式包含了穿心杆式和摩擦块式，

防坠装置技术性能　　　表 18.1-1

脚手架类别	制动距离（mm）
整体式升降脚手架	≤80
单跨式升降脚手架	≤150

速差式包含摆针式和转轮式两种。《建筑施工用附着式升降作业安全防护平台》JG/T 546—2019 又把防坠器分为卡阻式和夹持式。

4. 同步控制装置

同步控制装置是在架体升降过程中控制各机位升降点相对垂直位移的装置，一般采用荷载控制形式。荷载自控系统一般由主控箱、分控箱、传感器和控制端组成，控制端一般为遥控、手机或电脑。

18.1.2 附着式升降脚手架主流产品技术特点

架体提升方式分为中心提升（图 18.1-2）和偏心提升（图 18.1-3），偏心提升又分为左右偏心提升和前后偏心提升，目前主流产品以左右偏心提升为主。其特点在于避免了使用钢丝绳等连接件，结构简单，更加安全可靠，且架体摩擦力小，安装便捷。

图 18.1-2　中心提升

图 18.1-3　偏心提升

18.1.3 附着式升降脚手架的产品存在的不足

目前，爬架的技术已经非常成熟，但也存在不同程度的问题，经常被研发设计人员忽视的问题体现在以下几个方面：

1. 片式桁架连接强度不足

附着式升降脚手架采用片式桁架结构的占行业产品的一半左右。片式桁架在设计原理上是没有问题的，但由于考虑到架体组装便捷、运输方便等原因，将片式桁架加工成分组组合式，其连接位置往往被忽视，影响其结构性能。

2. 升降工况下提升结构集中应力较大

附着式升降脚手架由于其升降过程中偏心受力，每个机位由捯链提供动力，克服重力和摩擦力上升。加之在设计时下吊点偏心距较大，材料抗弯性能差，在拉力和弯矩的双重作用下，下吊点位置集中应力较大，甚至有变形现象。

18.1.4 附着式升降脚手架的技术难点

（1）附着式升降脚手架是在建筑施工中的应用，其工作环境很差，这就致使架体包括防坠装置在设计时不能过于复杂，不能过于精密。设计过于精密，很可能由于施工中的粉尘、油污及腐蚀等因素，使防坠器不能起到很好的作用；设计得过于复杂，现场安装人员不能正确地装卸防坠装置，也会导致其失去作用。

（2）现在的好多户型设计讲究采光和设计美感，飘窗、露台、悬挑梁等结构给附着式升降脚手架的附着点设计增加了一定的难度，既要考虑附墙构件强度，又要考虑建筑结构强度，这就需要专业分包、总包、设计院共同优化。

（3）附着式升降脚手架和其他升降、起重设备的交叉作业（如升降机、塔式起重机），要在设计前期就要沟通优化设计，尤其是塔式起重机部位的穿插作业最为危险，当爬架设计不能满足交叉作业要求时，不可强制设计。

18.1.5 附着式升降脚手架现场施工方案

众所周知，附着式升降脚手架属于危险性较大的分部分项工程，施工单位应当在危险性较大的分部分项工程施工前组织工程技术人员编制专项施工方案，超过150m的进行专家论证。

专项施工方案的内容：

（1）工程概况：危险性较大的分部分项工程概况和特点、施工平面布置、施工要求和技术保证条件。

（2）编制依据：相关法律、法规、规范性文件、标准、规范及施工图设计文件、施工组织设计等。

（3）施工计划：包括施工进度计划、材料与设备计划。

（4）施工工艺技术：技术参数、工艺流程、施工方法、操作要求、检查要求等。

（5）施工安全保证措施：组织保障措施、技术措施、监测监控措施等。

（6）施工管理及作业人员配备和分工：施工管理人员、专职安全生产管理人员、特种作业人员、其他作业人员等。

（7）验收要求：验收标准、验收程序、验收内容、验收人员等。

（8）应急处置措施。

（9）计算书及相关施工图纸。

18.2 日常维护保养要点

18.2.1 附着式升降脚手架维护保养要点

1．防坠装置维护保养注意事项

（1）检查时要注意防坠装置运转正常。

（2）当防坠装置金属结构出现变形或开焊，及时处理，最好是更换新的装置，避免补焊。

（3）当架体出现卡阻现象后，认真检查防坠装置，一旦出现问题，必须更换新的，不允许带病使用。

（4）日常施工中应在防坠装置处加设防尘装置，避免因污染而失效。

2．捯链维护保养

（1）捯链起重链条的松紧度应适宜，过紧会增加功率消耗，轴承易磨损。

（2）链轮磨损严重后，应同时更换新链轮和新链条，以保证良好的啮合。不能只单独更换新链条或新链轮，否则会造成啮合不好加速新链条或新链轮的磨损。

（3）起重链条在工作中要及时加注润滑油，润滑时最好采用机油。

3．荷载控制系统维护保养

（1）荷载控制系统线路需设置专门防护，如套 pvc 管等。

（2）荷载传感器表面不得有腐蚀性液体，线路接头处应设置保护措施，以防被下落物体砸断。

（3）电气控制柜包括主控和分控，应设置必要的防护，及时清理上面的杂物，避免雨水及混凝土进入。

（4）升降架体完毕后，及时卸荷，并松开捯链，防止架体冲击载荷损伤传感器。

（5）及时监控供电电压，保证传感器的正常供电。

18.2.2　附着式升降脚手架日常检查要点

（1）检查底部防护是否牢固、平整、防护严密；

（2）找好参照点，上下左右平视架体是否水平垂直；

（3）架体杂物垃圾是否及时清理，避免翻板打开时高空坠物；

（4）隔层防护抽拉杆是否平稳有效支撑防护 C 形型钢；

（5）顶撑、防坠器是否有垃圾障碍物，是否支顶到位，安全有效；

（6）链条是否上油保养，无锈蚀及混凝土粘接；

（7）捯链防尘罩防雨防灰尘，小电箱顺逆开关复位，架体静止时拔除电源插头；

（8）爬架专用电缆线，必须使用线槽保护；

（9）钢梁、板梁支座等附墙装置，必须使用双螺栓；

（10）板梁之间使用卸载钢丝绳，垂直无障碍，紧固受力；

（11）塔式起重机附臂位置架体封闭，架体任何部位不得与附臂摩擦，门轴牢固且打开后必须固定牢靠，不得迎风开。

第 **19** 讲 承插型盘扣式钢管脚手架技术安全管理

19.1 技术安全管理知识

19.1.1 发展历史

20 世纪 90 年代，中国模板脚手架协会组团赴德国、芬兰等国家考察，在德国 HÜNNEBECK 模板公司首次参观了生产盘扣式脚手架的工厂。1995 年，德国 HÜNNEBECK 公司计划在中国江苏合资建立模板脚手架分公司，模板脚手架协会牵头并协助签订了国内外合作协议。

2008 年，行业标准《建筑施工承插型盘扣式钢管支架安全技术标准》JGJ 231—2010 立项，2010 年该标准颁布实施，规范化、标准化、制度化指导了盘扣式脚手架的工程应用。2016 年，住房和城乡建设部及时制定了行业标准《承插型盘扣式钢管支架构件》JG/T 503—2016，对盘扣市场的产品标准化制造发挥了重要作用。2019 年随着建筑市场不断发展，交通运输部、湖北省、江苏省、山西省、上海市、重庆市等均发布了推广盘扣式脚手架的政策。据中国模板脚手架协会调研统计，2021 年我国盘扣式脚手架全产业链活跃企业 1700 家。

19.1.2 盘扣式脚手架的优势

1. 结构形式合理、搭建及拆除方便

盘扣式脚手架的安装结构相对简单，无论是建造还是拆卸，都属于简单快捷的施工设备，在安装过程中避免了螺栓操作和零散紧固件的损失，接头的拆装速度是常规脚手架的 5 倍，工人可以用锤子完成整个作业。

2. 材料强度提升

所有杆件采用国标，立杆采用 Q345 低合金结构钢。强度高于传统脚手架。

3. 承载力大

以 60 系列 A 型支撑架为例，高度为 5m 的单支立杆的允许承载力为 9.5t（安全系数为 2），破坏载荷达到 19t，是传统产品的 2～3 倍。

4．用量小、重量轻

一般情况下，立杆的间距为 1.5m、1.8m，横杆布局为 1.5m，所以相同支撑体积下的用量比传统产品减少。

5．使用寿命长

主要部件均采用内、外镀锌防腐工艺，既提高了产品的使用寿命，也做到了美观、漂亮。

19.1.3 承插型盘扣式钢管脚手架

承插型盘扣式钢管脚手架根据使用用途可分为支撑脚手架和作业脚手架。立杆之间采用外套管或内插管连接，水平杆和斜杆采用杆端连接头卡入连接盘，用楔形插销连接，能承受相应的荷载，并具有作业安全和防护功能的结构架体。

1．搭设流程

场地平整、基层施工→材料配备→测量放线→放置可调底座→安装起步杆→安装扫地杆→安装立杆→安装横杆→安装斜杆→安装 U 形顶托→安装防护栏杆及安全网→主次梁龙骨及模板施工→浇筑混凝土。

2．方案编制

（1）施工方案的内容

编制依据、工程概况、施工计划、施工工艺技术、施工安全质量保证措施、施工管理及作业人员配备和分工、验收要求、应急处置措施、计算书及相关施工图纸。

（2）安全等级

安全等级如表 19.1-1 所示。

安全等级 表 19.1-1

作业脚手架		支撑脚手架		安全等级
搭设高度（m）	荷载设计值（kN）	搭设高度（m）	荷载设计值	
≤24	—	≤8	≤15kN/m² 或≤20kN/m 或≤7kN/ 点	Ⅱ
>24	—	>8	>15kN/m² 或>20kN/m 或>7kN/ 点	Ⅰ

（3）荷载分类

1）永久荷载

①支撑架的架体自重，包括立杆、水平杆、斜杆、可调底座、可调托撑、双槽托梁等构配件的自重；

②作用到支撑架上的荷载，包括模板及小楞等构件的自重；

③作用到支撑架上的荷载包括：钢筋和混凝土的自重以及钢构件和预制混凝土等构

件的自重。

2）可变荷载

①施工荷载，包括作用在支撑架结构顶部模板面上的施工作业人员、施工设备、超过浇筑构件厚度的混凝土料堆放荷载；

②附加水平荷载，包括作用在支撑架结构顶部的泵送混凝土产生的水平荷载；

③风荷载。

（4）设计计算

支撑架设计计算应包括下列内容：

1）立杆的稳定性计算；

2）独立支撑架超出规定高宽比时的抗倾覆验算；

3）纵横向水平杆承载力计算；

4）当通过立杆连接盘传力时，连接盘受剪承载力验算；

5）立杆地基承载力计算。

根据规范要求汇总计算书及绘制模板支架施工图（支架范围图、平面布置图、剪刀撑布置图、沉降观测点布置图、混凝土浇筑顺序图、冬期施工测温点布置图、剖面图、通用节点图、特殊节点图）。

（5）构造要求

1）立杆横杆间距要求：立杆间距为 0.5m 模数，横杆长度宜按 0.3m 模数；

2）步距限制：脚手架搭设步距不应超过 2.0m，当标准型立杆荷载设计值大于 40kN 或重型立杆荷载设计值大于 65kN 时，脚手架顶层步距应比标准步距缩小 0.5m；

3）搭设高度：当搭设双排外作业架或搭设高度在 24m 及以上时，应根据使用要求选择架体几何尺寸，相邻水平杆步距不宜大于 2m；

4）高宽比：脚手架的高宽比宜控制在 3 以内；当支撑架高宽比大于 3 时，应采取与既有建筑物进行刚性连接的抗倾覆措施。当作业架高宽比大于 3 时，应设置抛撑或缆风绳等抗倾覆措施；

5）竖向斜杆布置形式如表 19.1-2 所示；

竖向斜杆布置形式　　　　　　　　　　　　　　　　　　　表 19.1-2

立杆轴力设计值 N（kN）	搭设高度 H（m）			
	$H \leqslant 8$	$8 < H \leqslant 16$	$16 < H \leqslant 24$	$H > 24$
$N \leqslant 25$	间隔 3 跨	间隔 3 跨	间隔 2 跨	间隔 1 跨
$25 < N \leqslant 40$	间隔 2 跨	间隔 1 跨	间隔 1 跨	间隔 1 跨
$N > 40$	间隔 1 跨	间隔 1 跨	间隔 1 跨	每跨

6）立杆接长：双排外作业架首层立杆宜采用不同长度的立杆交错布置，立杆底部宜配置可调底座或垫板。

（6）盘扣式脚手架问题节点及解决方案

1）立杆搭接错开问题及处理模型

立杆可采用 1000mm、1500mm、2000mm 搭配使用，确保起步立杆搭设错开不小于 500mm。

立杆对接扣件应交错布置（错开高度≥500mm）如图 19.1-1 所示。

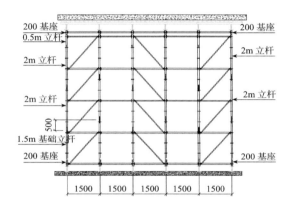

图 19.1-1　立杆对接扣件应交错布置

（错开高度≥500mm）

2）超大梁（1200mm×2700mm）架体处理模型

采用立杆加密，重点部位重点监督。立杆加密示意图如图 19.1-2 所示。

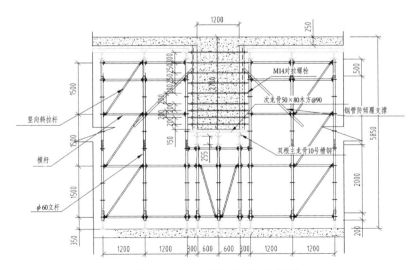

图 19.1-2　立杆加密示意图

3）架体不连续问题及处理模型

架体不连续问题可采用普通钢管扣件进行连接，增加其整体性，采用普通钢管扣件连接示意图如图 19.1-3 所示。

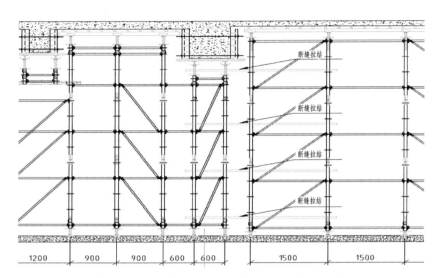

图 19.1-3　采用普通钢管扣件连接示意图

4）梁、墙不等截面问题及处理模型

梁、墙不等截面问题，由于空间不足，可采用模板＋单立杆进行搭设，同时配置钢管加固处理，还要采用斜杆进行防倾覆处理。梁墙不等截面处理示意图如图 19.1-4 所示。

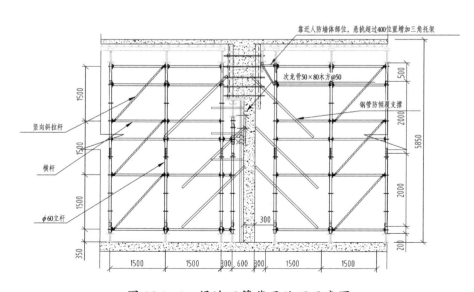

图 19.1-4　梁墙不等截面处理示意图

5）跨楼层边梁问题及处理模型

跨楼层位置边梁可采用梁底双立杆搭设，也可以采用图 19.1-5 所示的搁置横梁方式进行搭设。

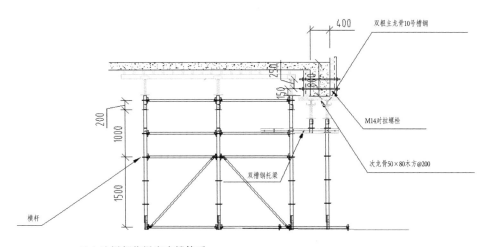

图 19.1-5　搁置横梁方式进行搭设

6）下刮板问题及处理模型

下挂板位置可采用双托梁进行支撑，确保体系的稳定。3 根立杆搭设能有效提高稳定性，避免单立杆的跷跷板现象。双托梁支撑示意图如图 19.1-6 所示。

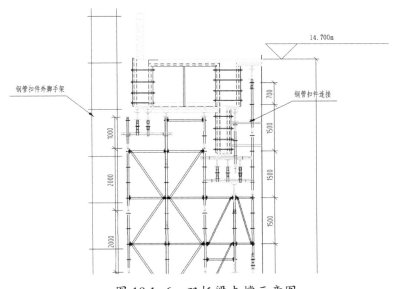

图 19.1-6　双托梁支撑示意图

7）车库错板问题及处理模型

错板位置需增加防倾覆措施。车库错板位置做法示意图如图 19.1-7 所示。

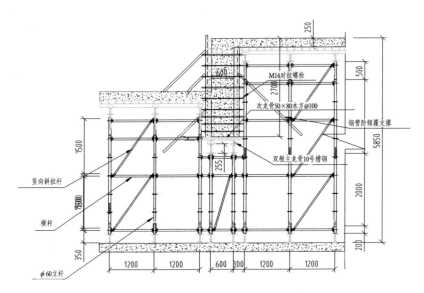

图 19.1-7　车库错板位置做法示意图

8）后浇带问题及处理模型

①后浇带部位的支模架独立搭设，底部用槽钢横跨下部后浇带，立杆立在槽钢上，其他支模架拆除时后浇带支模架不拆除。

②超高层结构的后浇带浇筑时，一般独立支模体系的高宽比都比较大，应采取加强侧向稳定的措施。后浇带做法示意图如图 19.1-8 所示。

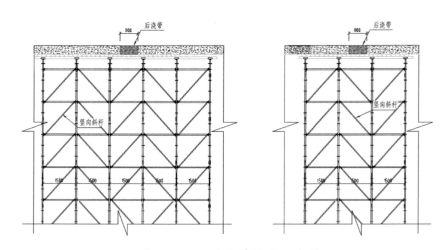

图 19.1-8　后浇带做法示意图

9）斜交梁支模架做法

斜交梁位置可采用普通钢管扣件进行连接，增加其整体性。斜交梁支模架做法示意图如图 19.1-9 所示。

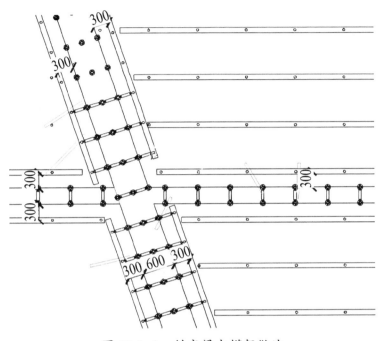

图 19.1-9　斜交梁支模架做法

19.2　现场管控

（1）应用实例

济南市轨道交通 R3 线一期工程济南东车辆段场址位于济青高速公路以北、稻香路以南、滩头沟以东，韩仓河以西所围的地块内，整体呈东西向布置。

该标段施工范围的主要施工内容为：7 个区段（由西向东 7 个区段，分别为 A～H 区），共 61 块板。盖板混凝土设计强度等级为 C35，板厚 250mm，面积约为 81629m²。

（2）安拆管理

1）支撑架立杆搭设位置应按专项施工方案放线确定；

2）支撑架搭设顺序：可调底座→立杆→水平杆→斜杆→基本的架体单元→整体脚手架体系；

3）多层楼板上连续设置支撑架时，上下层支撑立杆宜在同一轴线上；

4）支撑架搭设完成后应对架体进行验收，并应确认符合专项施工方案要求后再进入下一道工序施工；

5）立杆外表面应与可调螺母吻合，立杆外径与螺母台阶内径差不应大于 2mm；

6）水平杆及斜杆插销应采用锤击方法抽查插销，连续下沉量不应大于 3mm；

7）小型构件（可调底座、可调托撑、基座等）宜采用人工传递；吊装作业应由专人指挥信号，不得碰撞架体；

8）立杆的垂直偏差不应大于支撑架总高度的 1/500，且不得大于 50mm；

9）拆除作业应按"先装的后拆、后装的先拆"原则进行，应从顶层开始、逐层向下进行，不得上下同时作业，不应抛掷；

10）分段或分立面拆除应确定边界处的技术方案，分段后架体应稳定。

（3）维护管理

1）脚手架搭设作业人员应正确佩戴安全帽、安全带和防滑鞋。

2）应执行施工方案要求，遵循脚手架安装及拆除工艺流程。

3）脚手架使用过程应明确专人管理。

4）应控制作业层上的施工荷载，不得超过设计值。

5）如需预压，荷载的分布应与设计方案一致。

6）脚手架受荷过程中，应按对称、分层、分级的原则进行，不应集中堆载、卸载；并应派专人在安全区域内监测脚手架的工作状态。

7）脚手架使用期间，不得擅自拆改架体结构杆件或在架体上增设其他设施。

8）不得在脚手架基础影响范围内进行挖掘作业。

9）在脚手架上进行电气焊作业时，应有防火措施和专人监护。

10）脚手架应与架空输电线路保持安全距离，野外空旷地区搭设脚手架应按现行行业标准《施工现场临时用电安全技术规范》JGJ 46 的有关规定设置防雷措施。

11）架体门洞、过车通道，应设置明显警示标识及防超限栏杆。

12）脚手架工作区域内应整洁卫生，物料码放应整齐有序，通道应畅通。

13）当遇有重大突发天气变化时，应提前做好防御措施。

施工消防篇

第**20**讲 施工现场消防安全标准化建设

随着我国建筑行业的高速发展，使得每年新建、改建、扩建的在建工程数量不断增长，在建工程施工火灾也时有发生。施工现场临时建筑物多，板房材质不一；施工人员密集、流动性大，交叉作业管理难度大；现场可燃易燃材料使用量大，切割、焊接、烘烤等动火作业频繁；项目消防安全责任主体意识淡薄，消防投入及防火措施不到位。建筑行业的种种特点导致工程施工现场火灾致灾因素多，一旦发生火灾，人员疏散难，扑救难度大，极易造成重大财产损失和人员伤亡。要汲取近年来建筑火灾事故教训，长期预防和坚决遏制高层建筑火灾事故发生，有效破解建筑施工现场消防难题。本着"预防为主，防消结合"的方针，从办公生活区搭建、施工现场布局、日常动态管理方面着手，全面提升施工现场消防安全标准化建设。

20.1 办公生活区消防标准

20.1.1 临时用房搭设标准

临时用房具体的搭设标准、技术数据在《建设工程施工现场消防安全技术规范》GB 50720—2011 里面都有详细说明，在这里，仅对日常施工易忽视的标准、节点、做法进行阐述。

（1）建筑构件的燃烧性能等级应为 A 级。每栋板房之间防火间距不得小于 3m。积极推广成品厢房，主要优点：防火性能好、安装快捷、周转方便、美观大气、文明施工形象好。

（2）会议室、文化娱乐室、职工学习室等人员密集房间应设置在一层，且房间疏散门应向疏散方向开启。

（3）职工宿舍房间建筑面积不大于 30m²，其他房间建筑面积不大于 100m²。

（4）临时用房层数不宜超过 2 层，每层建筑面积不应大于 300m²；食堂、厨房层数不得超过 1 层。

20.1.2 消防设施配备标准

（1）办公生活区安装消防水管，水管直径≥100mm。

（2）配备充足消防器材、加设微型消防站（图 20.1-1）、生活区安装逃生杆（图 20.1-2）。

（3）室内安装消防喷淋、无线联网烟感、两具悬挂式干粉灭火器。

图 20.1-1　微型消防站　　　　　　　图 20.1-2　逃生杆

20.1.3 用电管理标准

（1）宿舍统一 USB 充电接口、36V 照明，严禁设 220V 插座。空调插座设置在板房外侧，或直接与桥架电缆连接。空调插座与桥架电缆连接如图 20.1-3 所示。宿舍安装短路过载、限时限流装置。

（2）宿舍内电源线严禁私拉乱接，严禁卧床吸烟，以免烟头点燃被褥引发火灾。

（3）生活区设置单独充电室、充电柜、电动车集中充电棚，严禁房间内充电。

（4）所有食堂全部使用电灶做饭，严禁使用煤气瓶。劳务队伍分包食堂使用成品灶台、碗柜，不得使用木胶板等可燃材料随意定制。插座排列整齐，电缆直径满足使用要求。统一设置电表，一灶一表。食堂做法如图 20.1-4 所示。

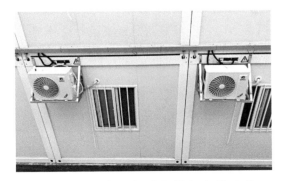

图 20.1-3　空调插座与桥架电缆连接　　　图 20.1-4　食堂做法

20.2 施工现场消防标准

20.2.1 消防通道

（1）临时消防车道净宽度、净高度均不小于 4m；车道右侧设置消防车行进线路指示标识；

（2）临时消防车道宜为环形，设置环形消防车道确实有困难时，应在消防车道尽头设置尺寸不小于 12m×12m 的回车场。

20.2.2 可燃材料管理

（1）材料成垛堆放（图 20.2-1），垛高不大于 2m，单垛体积不大于 50m³，垛与垛间距不大于 2m。材料周边设置消防设施图（图 20.2-2）。

（2）材料堆放区、加工区、动火区与办公生活区防火间距不小于 7m，与工程防火间距不小于 10m。

（3）保温材料、防水卷材等可燃材料堆放区除配备手推式灭火器外，还应配备消火栓等消防措施，须将消防水带接至材料根部，随时取水。

图 20.2-1　材料成垛堆放

图 20.2-2　材料周边设置消防设施图

20.2.3 现场消防设施配备

（1）室外消防给水系统。临时用房面积之和大于 1000m² 或工程单体面积大于 10000m²，消火栓间距不小于 120m，保护半径不大于 150m。

（2）楼内消防设施（图 20.2-3）。每层设置消防水枪、水带及软管，每个设置点不少于 2 套；消防水带收拢方式为双接头在外，紧急情况下便于快速将水带拉开，节约送水时间。积极推广永久和临时消防设施结合的方式,在建工程施工现场可利用已具备使用条件的永久性消防设施作为临时消防设施。可利用永久消防立管作为临时消防立管,实现消防立管的永临结合,消防施工时,只需将消火栓管、消防水泵接口更换后即可投入使用。永久和临时消防设施相结合的方式与传统做法相比,有利于节约施工成本,具有一定的推广应用价值。

(3)消防水泵。给水压力:消防水枪充实水柱长度不小于 10m,压力不足时,应设置消火栓泵,不少于 2 台,互为备用;建筑高度不小于 100m 时,须增设临时中转水池、加压水泵,中转水池容积不小于 $10m^3$,上下水池的高差不大于 100m。

(4)现场配备消防应急物资仓库(图 20.2-4)。

(5)灭火器成组配备,配备位置有:可燃材料存放、加工、使用场所;危险品存放及使用场所;动火作业场所;各楼层、办公用房、宿舍、厨房操作间;配电用房、设备用房、发电机房;脚手架、吊篮内、司机室内、充电处。

图 20.2-3　楼内消防设施

图 20.2-4　消防应急物资仓库

20.3　消防动态管理标准

1. 动火作业管理流程

(1)风险识别:工程开工前,项目安全管理部门组织项目施工、技术等部门对需动火作业的班组、部位、内容进行识别,确定危险源及风险等级,并制定相应的责任人及管控措施。

(2)建立清单:根据风险识别内容建立动火作业清单,明确动火作业班组、作业部位、监护人等相关内容。

(3)作业审批:由申请人征得监护人同意,提前 1 天向监护人提交申请表,交项目安全负责人审批。项目安全负责人收到动火申请后，必须前往现场查验并确认动火作业的防火措施落实后，批准动火作业。

（4）安全技术交底：项目技术人员对动火作业班组进行有针对性的安全技术交底，专职安全生产管理人员对交底情况进行监督。

（5）作业准备：申请人携移动公示牌至作业部位，按程序实地复查作业环境（周边易燃材料清理、覆盖）、安全防护用品、消防器材配备情况，设立警戒隔离后方可开始施工。

（6）动火监管：由动火作业监护人进行全过程监管，专职安全生产管理人员对监管行为进行跟踪。

2. 电焊作业管理

钢筋焊接、安装套管焊接等作业飞散的火花、金属熔融碎粒滴温度高达 1500~2000℃，飞散距离不小于 20m，极易引燃作业区底部的可燃材料及外脚手架密目网引发火灾。对此，建议脚手架挂设钢板网片（图 20.3-1），美观、不燃、封闭严密、周转性好。

图 20.3-1　脚手架挂设钢板网片

3. 危险易爆品管理

（1）气瓶管理。乙炔瓶放置在安全地点，氧气乙炔瓶间离不小于 5m。气瓶不得暴晒，瓶体气温超 40℃，易爆炸；瓶体设置保护帽，防震圈。乙炔瓶设置减压器、阻火器。乙炔瓶必须设置防倾倒措施，严禁卧放，必须直立放置。

（2）现场设置危险品仓库（图 20.3-2），与办公生活区防火间距不小于 10m，与在建工程防火间距不小于 15m。危险品运输使用专用护笼、吊具。气瓶运输工具如图 20.3-3 所示。

图 20.3-2　危险品仓库

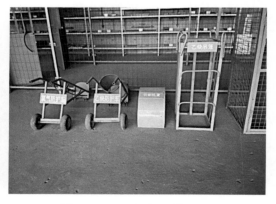

图 20.3-3　气瓶运输工具

4. 有限空间动火

制定专项施工方案、作业前培训、动火审批；进入有限空间前先通风、后检测，是否存在可燃有毒气体；做好个体防护措施、配备消防设施、过程安排专人监护。

5. 消防演练

定期（半年一次）开展消防演练（图 20.3-4）及应急救援演练（图 20.3-5）。项目部制定演练方案、准备签到表、做好影像记录、演练完成完善评审记录。

 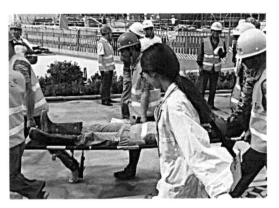

图 20.3-4　消防演练　　　　　图 20.3-5　应急救援演练

6. 全员消防管理

项目经理带队每周进行消防检查，留存周检记录，每周落实问题整改情况。安全负责人每日对消防设施检查，监督好动态动火作业。加强消防验收，督促问题整改。消防验收包括：消防设施进场验收、消防管线安装完成验收、危化品使用验收、临时用电布置后验收、动火作业审核验收、车库材料清理验收等。项目部制定好消防奖罚制度，定期组织评比活动，打造消防人人抓的良好氛围。

第**21**讲 管好施工现场这把"火"

21.1 建筑施工现场消防安全存在的主要问题

（1）施工单位的现场施工人员消防安全意识淡薄。不少建筑施工现场都是进城务工人员，他们缺乏专业的知识技能，更没有较高的消防安全意识。一些进城务工人员经常在施工现场抽烟、生火做饭，让火灾隐患更加突出。另外，因为建筑施工现场的工作人员没有稳定的工作场所，施工人员流动性大，未经过严格的管理和消防安全知识培训，不了解、不掌握基本的消防知识，自防自救能力较差。

（2）使用、储存可燃物和易燃、可燃材料多，火灾蔓延速度快。建筑施工现场加工厂、仓库等临时建筑结构简易，大多数采用竹子、木材、油毡等可燃材料，办公区、生活区板房搭设使用材料燃烧性能等级达不到规范要求，同时施工脚手架安全防护网也常用可燃材料制成，并且施工现场大量存放和使用油漆、木材、油毡、塑料制品及装饰、装修材料等可燃易燃物品，其一旦接触火源，势必造成火灾迅速蔓延。

（3）消防设施不足。很多建筑施工现场设计临时消防用水覆盖面不足，在施工现场上除了配有少量的灭火器材外，没有任何消防设施；一些中、小型施工现场，甚至连消防器材都没有，易燃、可燃材料及杂物随处堆放，一旦发生火灾，极易造成严重后果。

（4）施工现场消防安全管理责任不落实。现阶段，受各种因素的影响，不少施工单位为了加快施工进度，根本没有落实消防管理。如私拉乱接电气线路；违章使用明火，电焊人员无证上岗等；没有定时开展防火、灭火检查，消防隐患严重；甚至个别施工单位对消防部门提出的整改要求不予落实。不少火灾危害都是由于使用明火，而导致火灾的发生。例如2010年11月15日，上海市中心某路段住宅楼发生大火，就是由于电焊工无证上岗、现场管理混乱，层层分包，安全责任未落实所致。

21.2 建筑工程施工现场消防安全管理对策

（1）认真落实消防安全责任制。建设单位、施工单位要明确职责划分，落实安全责任制，签订安全责任合同，建立消防安全组织机构，由专人负责施工现场的消防安全工作；各分包单位向总承包单位负责，服从总承包单位对施工现场的消防安全管理，逐级落实好安全生产责任制。

（2）合理规划布置。施工组织设计应含有消防安全方案及防火设施布置平面图（图21.2-1），并按照有关规定报相关监督机关审批或备案。施工现场、办公区、生活区分开设置，并保持足够的安全距离。具体要求如下：

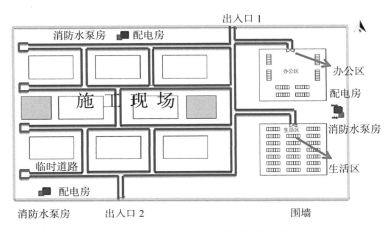

图 21.2-1　防火设施布置平面图

1）确保消防通道畅通。施工现场内应设置净宽和净空高度分别不小于 4m 的临时消防通道，并有环形道或不小于 12m×12m 的回车场。消防通道右侧应有消防车行进路线指示标志。禁止在临时消防通道上堆物、堆料或者挤占临时消防通道，确保临时消防通道畅通无阻。消防车道布置图如图 21.2-2 所示。

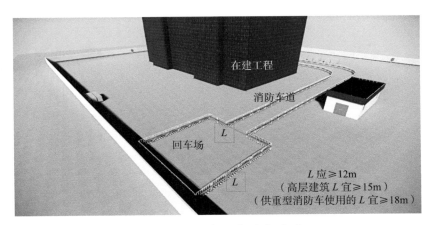

图 21.2-2　消防车道布置图

2）保证临时消防水源和灭火器材。施工现场主体结构的高度超过 24m 的建设工程应设置临时竖向消防立管，其管径应不小于 100mm，各楼层均设置消火栓接口、快速切断阀门、选用长度为 20m、25m 的消防水带且长度不大于 25m，在消火栓接口处应同时设置水龙头兼供施工用水，在建筑物内的正式消防设施未启动之前，不得拆除临时消防设施。高层建筑施工现场应设临时消防蓄水池，其蓄水量应不小于施工现场火灾持续时间内一次灭火的全部消防用水量，并且要有固定的水源。水管直径不应小于 100mm，应保持常供水状态。消防蓄水池要同时满足整个现场生产用水和消防用水的需求，主楼的火灾延续时间应按 1h 计算，因此需要容量应不小于 $36m^3$。消防竖向立管供水的水泵扬程不小于施工建筑物高度，要有专供电源和应急启动设施，并能满足"一用一备"的要求。在各功能分区配备足够的灭火器材。消防设施布置示意图如图 21.2-3 所示。

（3）加强施工现场电焊、气割作业控制。特种作业人员须持证上岗，并严格遵守消防安全操作规程，动火前必须开具动火证；作业时，保持足够的防火安全距离，并及时查看周边是否存在可燃物品。动火审批流程图如图 21.2-4 所示。

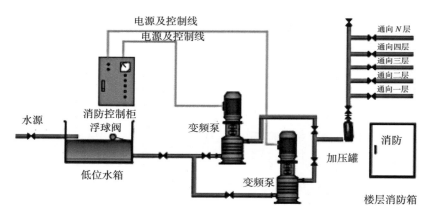

图 21.2-3　消防设施布置示意图

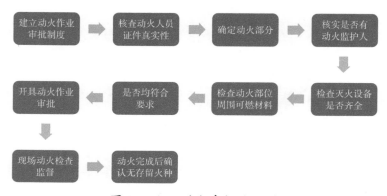

图 21.2-4　动火审批流程图

（4）加强施工现场的用电管理。施工单位特种作业人员持证上岗，正确合理地安装及维修电气设备，经常检查电气线路、电气设备的运行情况，重点检查线路接头是否良好、漏电保护是否动作、是否存在短路发热、绝缘损坏等现象，电气设备周围是否有可燃物，重点是危险物品库房内电气设备、灯具是否符合防爆要求，用电检查现场实景如图 21.2-5 所示。

图 21.2-5　用电检查现场实景

（5）加强施工现场消防安全宣传。消防安全工作除责任明确外，更重要的是要认识到位、组织到位、措施到位，施工现场更要做好"群防群治"的基础宣传工作。首先，运用宣传栏及图牌、培训教育、消防交底等多种形式，大力宣传并构筑施工现场消防安全意识"防火墙"，使大家都做"明白人"。其次，利用现代媒体网络技术拍摄短视频，让每位工友清楚施工现场重大火灾危险源及主要防火措施，知道施工现场临时消防设施的性能及使用、维护方法，懂得报火警、扑救初起火灾及自救逃生的知识和技能。最后，加强巡查力度，落实整改，把火灾隐患消除在萌芽状态，定期组织演练（每半年至少组织一次），全面提高现场施工人员的消防安全意识和能力，消防应急演练如图 21.2-6 所示。

图 21.2-6　消防应急演练

第**22**讲 一起事故引发的思考

2010 年 11 月 15 日，上海市某地发生特别重大火灾事故，造成 58 人死亡，71 人受伤，直接经济损失 1.58 亿元。经事故调查组认定，这是一起由企业违法违规造成的责任事故。这些数字的背后是生命的逝去，家庭的破碎和对社会造成的不良影响。

22.1 火灾事故原因分析

22.1.1 直接原因

施工人员违规在第 10 层电梯前室北窗外进行电焊作业，电焊溅落的金属熔融物引燃下方 9 层位置脚手架防护平台上堆积的聚氨酯保温材料碎块、碎屑引发火灾。

22.1.2 间接原因

（1）建设单位、投标企业、招标代理机构虚假招标、转包、违法分包。
（2）工程项目施工组织管理混乱。
（3）设计企业、监理机构工作失职。
（4）市、区两级建设主管部门对工程项目监督管理缺失。
（5）消防机构对工程项目监督检查不到位。
（6）政府对工程项目组织实施工作领导不力。

22.1.3 事故反思

根据国务院批复的意见，对 54 名事故责任人作出严肃处理，其中 26 名责任人被移送司法机关依法追究刑事责任，28 名责任人受到党纪、政纪处分，其他相关人员也受到了惩罚。但是这样一起特大事故带给社会的负面影响还在持续，我们永远感受不到死难者家属内心的煎熬和死难者所经受的痛苦，时光无法倒流，逝去的生命也无法挽回。那么，还能做些什么来阻止类似火灾事故的发生呢？这是我们要长久思考的问题。

22.2 火灾发生、发展本质探寻

要解决火灾之前，首先要搞清楚火灾是怎样发生的，接下来，介绍火灾的一些基础知识，包括火灾的发展规律和火灾的防治原理。

22.2.1 火灾的发展规律

燃烧的三个必要条件：引火源、可燃物、助燃物。燃烧的三个条件必须同时具备，缺一个则无法构成燃烧。而燃烧的三个充分条件是，具备足够数量或浓度的可燃物、具备足够数量或浓度的助燃物、具备足够能量的引火源。

有焰燃烧的实质是燃烧过程中未受抑制的链式反应自由基，自由基是一种高度活泼的化学基团，通过链式反应进行扩展，自由基的链式反应是燃烧反应的实质，光和热是燃烧过程中的物理现象。链式，顾名思义，我们可以把它理解为是持续不断的，一环扣一环的进程。

《建设工程施工现场消防安全技术规范》GB 50720—2011规范中将可燃烧的物质分成了六大类，包括固体、液体、气体、金属、带电体和烹饪物，而在施工现场的可燃物包括木方、模板、毛毡、油漆、防水卷材及大量的用电器。

火灾发展蔓延的三个阶段（图22.2-1）包括：初期增长阶段、充分发展阶段和衰减阶段。

（1）初期增长阶段，出现明火，燃烧面积较小（一般只局限于着火点附近的可燃物燃烧）。温差较大，平均温度较低，燃烧速率主要由可燃物的燃烧特性决定，与氧气含量无关。

（2）充分发展阶段：燃烧持续一段时间，若燃烧充分，通风良好，燃烧继续发展，范围不断扩大，温度不断上升，当温度升高到一定的程度时，出现燃烧面积和燃烧速率瞬间增大，室内温度突增的现象（轰然，标志着室内火灾由初期增长阶段转变为充分发展阶段）。

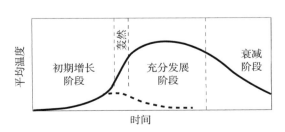

图22.2-1　火灾发展蔓延的三个阶段

（3）衰减阶段：火灾全面发展阶段的后期，随着室内可燃物数量的减少，火灾燃烧速度减慢，燃烧强度减弱，温度逐渐降低，一般认为，当室内平均温度下降到峰值的80%时，火灾进入衰减阶段。燃料耗尽，有焰燃烧无法维持，只剩下焦化后的无焰燃烧，燃烧速度相当缓慢，直至熄灭。

因此，必须要在初期增长阶段遏制火灾。

22.2.2 火灾的防治原理

火灾的防治主要有以下四种，第一种是冷却灭火（图22.2-2），对可燃固体，将其冷却在燃点以下；对可燃液体，将其冷却在闪火点以下，用水扑灭一般固体物质引起的火灾，主要通过冷却作用来实现。第二种是隔离灭火（图22.2-3），其原理是隔绝可燃物和助燃物，通常是将不燃物覆盖在燃烧液体或固体的表面，在发挥冷却作用的同时将可燃物与空气隔开，从而达到灭火效果。比如干粉灭火器、泡沫系统、防火布等。第三种是窒息灭火（图22.2-4），可燃物燃烧本质是氧化作用，燃烧发生必须要保证环境氧浓度达到最低燃烧氧浓度以上，一般氧浓度低于15%不能维持燃烧反应。通常在着火场所内，通过灌注非助燃气体，比如二氧化碳、氮气等，降低空间的氧浓度，达到窒息灭火作用。第四种是化学抑制灭火（图22.2-5），抑制自由基产生或降低火焰

图 22.2-2　冷却灭火

图 22.2-3　隔离灭火

图 22.2-4　窒息灭火

图 22.2-5　化学抑制灭火

中的自由基浓度，即可迫使燃烧终止，常见的化学抑制灭火的灭火剂有干粉、七氟丙烷等。

22.3　施工现场消防管控要点

22.3.1　出入口道路要求

（1）2个以上出入口：满足通行要求、方向不同。

（2）1个出入口：满足通行要求，形成环形道路（消除盲区）。

22.3.2　固定动火作业场设置要求

固定动火作业场应布置在可燃材料堆场及其加工场、易燃易爆危险品库房等全年最小频率风向的上风侧，并宜布置在临时办公用房、宿舍、可燃材料库房、在建工程等全年最小频率风向上风侧。

重点：避免动火作业产生的焊渣、火星等受风向影响，导致火灾。

22.3.3　补充要求

易燃易爆危险品库房远离明火作业区、人员密集区和建筑物相对集中区。

可燃材料堆放及加工场、易爆品库房不宜布置在架空电力线下方。

22.3.4　防火间距要求

施工区设置易燃易爆品仓库时距离在建工程及办公等用房最小防火距离不小于15m；可燃材料堆场及其加工场、固定动火作业场与在建工程的防火间距不应小于10m；其他临时用房、临时设施与在建工程的防火间距不应小于6m。

22.3.5　消防车道要求

施工现场内应设置临时消防车道，临时消防车道与在建工程、临时用房、可燃材料堆场及其加工场的距离不宜小于 5m，且不宜大于 40m。

这里特别要注意，保证消防车通行需要、灭火救援的安全及供水的可靠，外部道路满足要求时也可以将外部道路作为消防车道（图22.3-1）。

图 22.3-1　消防车道

22.3.6　动火作业"六必须"

动火作业是指在禁火区进行焊接与切割作业以及在易燃易爆场所使用喷灯、电钻、砂轮等进行可能产生火焰、火花和炽热表面的临时性作业。

这里我们重点强调，动火作业"六必须"。一是必须执行动火作业许可审批程序（核查人员证件）；二是必须按要求配备消防器材；三是必须配备动火监护人；四是必须将动火点周围（下方）可燃易燃材料、垃圾清理干净；五是动火作业过程中必须对动火区域进行巡查；六是动火作业结束后，监护人、动火人必须确认安全后方可离开现场。

在动火作业审批环节，要做到"四查"，一查人员证件、二查教育交底、三查作业条件、四查作业范围。在管理人员巡查过程中，要重点检查消防器材配置、监护人员现场履职情况，并且要重点关注易燃、可燃物品清理、覆盖，作业结束后还要进行作业确认、场地清理，消除火源和残留物。

22.3.7　施工现场气瓶管理"五必须"

一是气瓶及其附件必须合格、完好和有效；二是气瓶必须保持直立状态，并采取防倾倒措施；三是气瓶必须远离火源，与火源的距离不应小于10m，并应采取避免高温和防止暴晒的措施；四是气瓶必须分类储存，库房内应通风良好；五是气瓶用后必须及时归库。

22.3.8　易燃易爆危险品管理

易燃易爆危险品的管理（图22.3-2）：危险品必须按计划限量进场，进场后，可燃材料宜存放于库房内，如露天存放时，应分类成垛堆放，且采用不燃或难燃材料覆盖；易燃易爆危险品应分类专库储存，库房内通风良好，并设置严禁明火标志；室内使用油漆等可燃、易燃易爆危险品作业时，应保持良好通风，严禁明火，并应避免产生静电；施工产生的可燃、易燃建筑垃圾或余料，应及时清理。

图 22.3-2　易燃易爆危险品的管理

22.3.9　临时用电管理

电气设备与可燃、易燃易爆危险品应保持一定的安全距离；有爆炸和火灾危险的场所，选用相应的电气设备；配电箱 2m 范围内不应堆放可燃物，5m 范围内不应设置可能产生较多易燃、易爆气体、粉尘的作业区；可燃材料库房禁用高热灯具，易燃易爆危险品库房内应使用防爆灯具，库房实行低压照明措施，禁用 220V 电压；电气设备严禁超负荷运行或带故障使用，应定期对电气设备和线路的运行及维护情况进行检查。库房临时用电管理如图 22.3-3 所示。

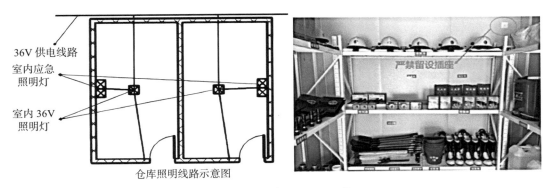

图 22.3-3　库房临时用电管理

22.3.10 消防专项安全教育

施工人员进场时，施工现场的消防安全管理人员对施工人员进行消防安全教育和培训，应包括下列内容：施工现场消防安全管理制度、防火技术方案、灭火及应急疏散预案的主要内容；施工现场临时消防设施的性能及使用、维护方法；扑灭初起火灾及自救逃生的知识和技能；报警、接警的程序和方法。

22.3.11 消防专项技术交底

施工作业前，管理人员应向作业人员进行消防安全技术交底，并应包括下列主要内容：施工过程中可能发生火灾的部位或环节；施工过程应采取的防火措施及应配备的临时消防设施；初起火灾的扑救方法及注意事项；逃生方法及路线。

22.3.12 消防水源

施工现场或其附近应设置稳定、可靠的水源，并应能满足施工现场临时消防用水的需要，消防水源可采用市政给水管网或天然水源。

22.3.13 消防水源

消防重点区域应配置灭火器，且每个场所的灭火器数量不应少于 2 具。

消防重点区域包括：易燃易爆危险品存放及使用场所；动火作业场所；可燃材料存放、加工及使用场所；厨房操作间、锅炉房、变配电房、设备用房、办公用房、宿舍等临时用房；其他具有火灾危险的场所。

22.3.14 室外消火栓

建筑面积之和大于 1000m² 或单体体积大于 10000m³ 时，应设置临时室外消防给水系统。距离市政消火栓 150m 以内，无须设置临时室外消防给水系统。此处要注意五点要求，一是给水管网宜布置成环状；二是临时室外消防给水干管的管径，不应小于 100mm；三是室外消火栓应均匀布置，与在建工程、临时用房和可燃材料堆场及其加工场外边线的距离不应小于 5m；四是消火栓的间距不应大于 120m；五是消火栓的最大保护半径不应大于 150m。

22.3.15　室内消防给水系统

建筑高度大于 24m 或单体体积超过 30000m³ 的在建工程，应设临时室内消防给水系统。消防给水设施（室内）包括消防水源（消防水池）、消防水泵、消防供水管道、增（稳）压设备（消防气压罐）、消防水箱和消防水泵接合器等部分。

消火栓接口及软管接口应设置在位置明显且易于操作的部位；消火栓接口的前端应设置截止阀；消火栓接口或软管接口的间距，多层建筑不应大于 50m、高层建筑不应大于 30m；在建工程结构施工完毕的每层楼梯处应设置消防水枪、水带及软管，且每个设置点不应少于 2 套。

22.3.16　消防水炮系统

消防水炮由梯架、消防管道、阀门、消防水炮等组成，侧边设置上人爬梯，消防管道从中间引上，发生火灾时作业人员爬上梯架，操作水炮对火灾发生部位进行持续喷水；消防水炮系统结构简单，实用性强，水流量大、炮身可做水平回转、俯仰转动，并能实现可靠定位锁紧，具有更大的灭火范围，可 1 人进行操作，弥补了普通消火栓的不足。对消防人员免遭火场辐射热伤害的防护更可靠，不仅能够有效灭火还能保护人身及财物安全。

22.3.17　作业层同步设置消防管道

消防管道同步设置到作业层，这也是符合"三同时"的要求，安装消防立管、消火栓及消防箱，保证作业层始终有水。这种措施可以有效缩短应急处置的时间，因为作业层通常会存在木工作业或电焊作业，仅配置灭火器往往达不到对初期火灾扑灭的要求，而消防水对火灾的控制和扑灭是非常有效的，而且更加稳定。

22.3.18　灭火及应急疏散预案、消防演练

施工单位应编制施工现场灭火及应急疏散预案。灭火及应急疏散预案应包括下列主要内容：应急灭火处置机构及各级人员应急处置职责；报警、接警处置的程序和通信联络方式；扑救初起火灾的程序和措施；应急疏散及救援的程序和措施。

施工单位应定期开展灭火及应急疏散演练，提升项目应急能力。

22.4 临建用房消防管控要点

22.4.1 板房管理

项目宿舍采用建筑构配件、金属夹芯板材时，其燃烧性能等级必须为 A 级；宿舍不宜超过 2 层，严禁超过 3 层，层数为 2 层或每层大于 $200m^2$ 时，应至少设置 2 部逃生楼梯；房间疏散门至疏散楼梯的最大距离不应大于 25m，宜在板房中间加设疏散逃生爬梯；单面布置用房时疏散走道的净宽度不应小于 1m；双面布置用房时疏散走道的净宽度不应小于 1.5m。

宿舍严禁与办公、仓库、食堂、商店、充电室等混在一起，要分开设置；宿舍房间的建筑面积不应大于 $30m^2$，其他房间的建筑面积不宜大于 $100m^2$。

22.4.2 宿舍区用电管理

宿舍区用电管理应采用限时限流集成控制箱，照明、充电、空调要分路设置；房间内只保留 36V 低压照明及 USB 接口充电插座，宿舍内照明、充电插座及空调插座都要实施限时限流供电，做到上班时间宿舍内无人时自动断电；空调供电布线应放在室外；冬季供暖及夏季降温应统一策划实施，避免用电私拉乱接，形成电气火灾隐患。

22.4.3 集中充电设施

电动（自行）车充电、手持电动工具充电（棚）房不能与宿舍、办公室、仓库等房间连为一体，要单独设置，充电（棚）房与其他板房之间防火间距不小于 4m，宜采用充满电后能够自动断电的充电设施。

22.4.4 消防喷淋系统

宿舍区必须配备消防喷淋系统，根据房间面积配足喷淋头数量，结冰地区宜采用干式喷淋（预作用式喷淋），非结冰地区可采用湿式喷淋，结冰地区若采用湿式喷淋，须做好防结冰措施。

22.4.5 悬挂式灭火器

火灾发生后，温感元件破碎，进行自动喷射灭火，达到缩减应急处置流程的作用，无需人员接近火场。

22.4.6　消防水炮系统

生活区对角设置消防水炮，扬程覆盖整个工人生活区，对初期火灾进行控制和扑灭；缺点是受水压影响较大，水压不足时，使用效果不佳，需要设置加压泵。

22.4.7　智能烟感报警系统

临时建筑设施内安装具备能够自动拨打电话、推送火灾信息功能的智能烟感报警系统，报警主机应设置在项目办公室的公共区域，便于管理人员能够及时查看报警信息。

22.4.8　物业化管理

宿舍区、办公区应采用物业化管理，除了进行保洁、秩序维护外，还可以兼顾日常巡逻、用电管理、应急处理等，为安全管控多加一把锁。

第**23**讲 施工现场临时消防设施管理

23.1 法律法规层面的认知

国家出台的《中华人民共和国消防法》(2021修正)规定：消防工作贯彻"预防为主、防消结合"的方针，按照政府统一领导、部门依法监管、单位全面负责、公民积极参与的原则，实行消防安全责任制，建立健全社会化的消防工作网络。且对违法现象做出了明确分类，与施工现场息息相关的消防设施、器材或者消防安全标志的配置、设置是否符合国家标准、行业标准，是否保持完好有效；对损坏、挪用或者擅自拆除、停用消防设施、器材的，占用、堵塞、封闭疏散通道、安全出口或者有其他妨碍安全疏散行为的，埋压、圈占、遮挡消火栓或者占用防火间距的，占用、堵塞、封闭消防通道，妨碍消防车通行的，指使或者强令他人违反消防安全规定，冒险作业的，违反有关消防技术标准和管理规定生产、储存、运输、销售、使用、销毁易燃易爆危险品的违法行为均明确了相应的法律责任。

山东省住房和城乡建设厅发布的《施工现场消防安全管理作业指导手册》，对总平面布局、建筑防火、临时消防设施、施工现场防火管理、消防安全管理等内容也做出了明确规定。

济南市住房和城乡建设局印发的《建筑施工安全管理十条》，对建设单位的首要责任、施工单位的管理责任、生活区的物业管理、施工现场的设置；生活区、办公区的消防器材配备、用电规定、临时消防设施的配备、动火证的许可、施工过程的防火、现场材料的防火也同样做出明确要求。

23.2 现场监督管理的建议

施工现场的消防安全管理应由施工单位负责。实行施工总承包时，应由总承包单位负责。分包单位应向总承包单位负责，并服从总承包单位的管理，同时应承担国家法律、法规规定的消防责任和义务。监理单位应对施工现场的消防安全管理实施监理。施工现场消防安全的第一责任人为施工总承包单位实际控股人，项目经理承诺制，安全经理负责制，财务总监连带制，生产经理落实制、专职安全员追究制的监督模式开展施工消防安全的管理工作，发现问题、出现问题以此倒追责任。

23.3 施工前的有效管理模式

根据项目规模、建筑性质、建设场地合理合规地提前规划施工现场内的施工总平面布置。施工现场临时办公、生活、生产、物料存贮等功能区的相对独立布置，在建项目及周边的合理布局，使临时消防设施的设计检查、日常维护、设施运行三个方面做到有效管理。

23.4 开工前的制度化和过程中的档案管理

施工单位应针对施工现场的整体布局，进行前期临时消防设施的设计。按照同步设计要求进行设计方案、设计初稿、图纸会审、定稿交底工作。

23.5 夯实施工期间的规范化建设

设计单位根据已定稿的设计图纸对建设、监理、施工进行技术交底。施工单位按照图纸设计要求结合现场情况进行施工准备、过程施工、调试检测。监理单位进行检查旁站。本着完成一段同步验收一段的工作态度积极实施。验收严格按照紧扣规范、调试运行、现场检查、动态管理的原则，及时整理过程资料，做好档案管理。

23.6 动态化的实时跟踪管理措施

23.6.1 临时应急灯

（1）设备识别

临时应急灯分为 A 型消防应急照明灯具（图 23.6-1）和 B 型消防应急照明灯具（图 23.6-2）两种。

图 23.6-1 A 型消防应急照明灯具

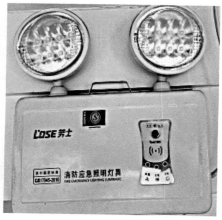

图 23.6-2 B 型消防应急照明灯具

1）A 型消防应急照明灯具：不大于 DC36V；距地面 8m 及以下；配电回路的额定电流不应大于 6A；

2）B 型消防应急照明灯具：自带电源为 AC220V；配电回路的额定电流不应大于 10A。

（2）场所检查

1）无天然采光的作业场所；2）发生火灾时仍需坚持工作的场所；3）无天然采光的疏散通道；4）高度超过 100m 的在建工程的室内疏散通道；5）发电机房、变配电房、水泵房。

检查内容包括类型、安装高度、备电持续时间、照度。

（3）日常维护

设备测试：

1）手动测试三次，检查灯具照度；

2）备电持续时间为 60min；

3）安装高度：2m 及以上。现场实际操作如图 23.6-3 所示。

图 23.6-3　现场实际操作

23.6.2　临时消火栓

临时消火栓主要有：室外消火栓（图 23.6-4）；室内消火栓（图 23.6-5）；水泵接合器（图 23.6-6）；消防水泵（图 23.6-7）、消防水池 / 水箱 / 中转水箱（图 23.6-8）。

图 23.6-4　室外消火栓　　　图 23.6-5　室内消火栓　　　图 23.6-6　水泵接合器

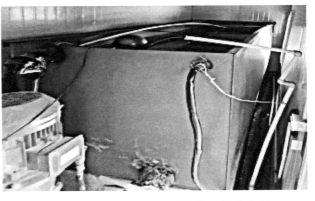

图 23.6-7　消防水泵　　　　　图 23.6-8　消防水池 / 水箱 / 中转水箱

（1）室外消火栓

1）场所检查：当施工现场处于市政消火栓 150m 保护范围内，且市政消火栓的数量满足室外消防用水量要求时，可不设室外消火栓；临时用房建筑面积之和大于 1000m² 或在建工程单体体积大于 10000m³ 时，应设室外消火栓。

2）布置检查：100 环间距为 1205m，给水管网宜布置成环状，距离在建建筑物外边线大于 5m，设置间距不应大于 120m；保护半径不应大于 150m。

3）设施运行：静态出水压力不应小于 0.14MPa；动态出水压力不应小于 0.10MPa。

4）日常维护：每季度检查灵活性、有无损坏老化丢失、外表面油漆的完整性、入冬前防冻完好性、随时清除周边杂物、永久性标志完整性。

（2）室内消火栓

1）场所检查：生活区、办公区应按标准设置消火栓；建筑高度大于 24m，单体体积超 30000m³，应设置临时室内消防给水系统；建筑高度超过 10m，但不足 24m，且体积不足 30000m³ 的可不设置临时室内消防给水系统，但应加大消防水泵的供水压力，增大临时室外给水系统的给水压力，以满足在建工程火灾扑救的要求。

2）布置检查：各层均应设消火栓接口及消防软管接口，位置设在明显且易于操作的部位；前端应设置截止阀，布置间距多层为 50m，高层为 30m，应有水枪、水带及软管，每点不应少于 2 套，竖管的设置不应少于 2 根，施工中进度不超 3 层，封顶应成环状，直径最小 100mm。

3）室内消火栓压力：充实水柱长度不小于 10m，静压不小于 0.15MPa，动压不小于 0.25MPa。

4）日常维护：每日检查有无缺失、每月一次放水试验、每年全数检查一次。

（3）消防水泵接合器：

1）布置检查：室内消火栓应设置消防水泵接合器，消防水泵接合器应设置在室外便于消防车取水的位置，与室外消火栓或消防水池取水口的距离宜为 15～40m。

2）日常维护：每日检查有无缺失、每季一次放水试验。

（4）消防水池／水箱／中转水箱

1）布置检查：超高层应设临时中转水池及加压水泵；中转水池的有效容积不应小于 10m³；上、下水池的高差不宜超过 100m。

2）布置设计：水箱／水池有效容积满足设计，仅是室内取最大单体的计算量，若室内外共设，取两者之和的计算量。

3）布置检查：消防给水压力不满足时设置消火栓泵，设计不应少于 2 台消火栓泵互为备用；消火栓泵宜设置自动启动装置。

4）流量校核：假设临时用房总面积为 1100m²，在建工程单体体积为 31000m³，那么临时用房室外用水流量是 10L/s，在建工程的室外用水流量是 20L/s，在建建筑物室内用水量是 10L/s，故：本项目水泵流量应是：20L/s×1.3=26L/s。

5）压力校核：假设临时用房总面积为 1100m²，高度为 6m，在建工程单体体积为 31000m³，高度为 50m。流量为：临时用房室外用水流量是 10L/s，在建工程的室外用水流量是 20L/s，在建建筑物室内用水量是 10L/s，故：本项目水泵最小扬程应是：（50+6）×1.3=72.8m。

6）日常维护：每日检查水位；每年应检查蓄水设施结构材料是否完好；每周自动巡检一次；每月手动启动试运转；每季度进行流量、压力试验。

7）设施运行：消防水泵查压力、测流量、看外观、查环境；水箱 / 水池查水位、有效容积、现场水位、报警水位。

（5）消防水泵

1）布置检查：消防给水压力不满足需求时设置消火栓泵，设计不应少于 2 台消火栓泵互为备用；消火栓泵宜设置自动启动装置。

2）日常维护：每周自动巡检一次；每月手动启动试运转；每季度进行流量、压力试验。

3）设施运行：一看一测两查，即查压力、测流量、看外观、查环境。

23.6.3　临时灭火器

（1）临时灭火器类型

临时灭火器的类型包括：手提式灭火器（图 23.6-9）、推车式灭火器（图 23.6-10）、灭火器箱（图 23.6-11）、悬挂式球形干粉灭火器（图 23.6-12）。

图 23.6-9　手提式灭火器

图 23.6-10　推车式灭火器

图 23.6-11　灭火器箱

图 23.6-12　悬挂式球形干粉灭火器

（2）设备选型

生活区、办公区应按标准配备灭火器。每间宿舍内应安装消防自动喷淋系统及烟感报警装置，或配备 2 具悬挂式球形干粉灭火器。

灭火器选型依据包括灭火器配置场所的火灾种类、灭火器配置场所的危险等级、灭火器的灭火效能和通用性、灭火剂对保护物品的污损程度、灭火器设置点的环境温度、使用灭火器人员的体能、切记同一配置场所选用两种或两种以上类型时，应采用灭火剂相容的灭火器。

施工机械篇

第 **24** 讲 施工升降机安全检查要点

2020 年 5 月广西玉林市某在建项目发生事故，一台施工升降机从高处失控坠落，事故造成 6 人死亡。2007 年 11 月无锡发生了一起施工升降机坠落事故，共造成 11 人死亡，6 人重伤。2019 年 4 月衡水市发生一起施工升降机坠落事故，共造成 11 人死亡，2 人重伤。三起事故 28 人死亡，28 个家庭支离破碎，陷入深渊。其事故原因仅仅是因为标准节连接螺栓脱落、普通螺栓替代背轮轴这些"小事"。

24.1 加深认知，筑牢基础

24.1.1 明规范，筑基础

规范是指明文规定或约定俗成的标准，具有明晰性和合理性，按照既定标准、规范的要求进行操作，使某一行为或活动达到或超越规定的标准。规范是最好的老师，了解掌握规范能不断完善知识体系，筑牢基础。与施工升降机相关的标准规范如图 24.1-1 所示。

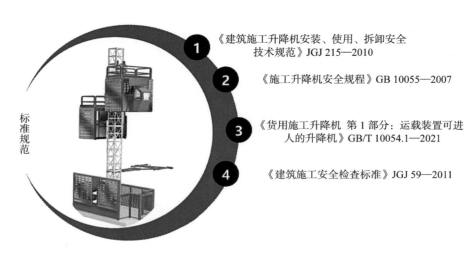

标准规范

1 《建筑施工升降机安装、使用、拆卸安全技术规范》JGJ 215—2010

2 《施工升降机安全规程》GB 10055—2007

3 《货用施工升降机 第 1 部分：运载装置可进人的升降机》GB/T 10054.1—2021

4 《建筑施工安全检查标准》JGJ 59—2011

图 24.1-1　与施工升降机相关的标准规范

24.1.2　知分类，识用途

施工升降机又叫施工电梯，也可以称为室外电梯，是建筑施工中经常使用的载人载货施工机械。施工升降机的分类：

（1）按其传动形式分为：齿轮齿条式、钢丝绳式和混合式；

（2）按吊笼的数量分为：单吊笼升降机和双吊笼升降机；

（3）按用途分为：人货两用和货用；

（4）按架设方式分为：固定式、附着式和快速安装式。

24.1.3　看型号，懂设备

机械设备的型号往往蕴含着设备的主体信息，施工升降机也不例外。因此，对于一台新设备，观察其设备铭牌是最具效率的手段。施工升降机命名规则如图 24.1-2 所示。

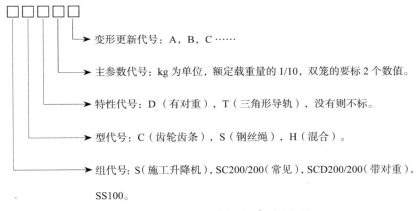

变形更新代号：A，B，C……

主参数代号：kg 为单位，额定载重量的 1/10，双笼的要标 2 个数值。

特性代号：D（有对重），T（三角形导轨），没有则不标。

型代号：C（齿轮齿条），S（钢丝绳），H（混合）。

组代号：S（施工升降机），SC200/200（常见），SCD200/200（带对重），

SS100。

图 24.1-2　施工升降机命名规则

图中 SC200/200 型设备可得到信息为：施工升降机、齿轮齿条式，双笼，额定载重量为 2000kg。通过铭牌看设备，是必备技能之一。

24.1.4　辩组成，看要求

设备的检查要落到实处，就要了解设备组成要素，各机构有何安全要求，方能按图索骥，逐项对照落实。施工升降机分为基础部分、架体结构、传动系统、电气系统及安全装置 5 个板块。

（1）基础部分中主要包括混凝土基础、底架及地面防护围挡三部分，作为承载支

撑，固定底座及起防护隔离的作用。

（2）架体结构，主要包括附墙架、导轨架标准节及吊笼三部分，是施工升降机的主要金属结构，提供吊笼运行的承载及起加固作用。

（3）传动系统，由电机及传动轮组成，提供吊笼运行的动力支持。

（4）电气系统，该系统主要由电源箱及电缆组成，提供运行所需的能源支持。

（5）施工升降机的安全装置包括外笼门机电联锁开关、吊笼门机电联锁开关、强迫减速、极限开关、防坠安全器、急停开关、重量限制器、缓冲装置、安全钩、其他辅助安全装置等。主要是为施工升降机的安全运行提供保障。施工升降机安全装置如图24.1-3所示。

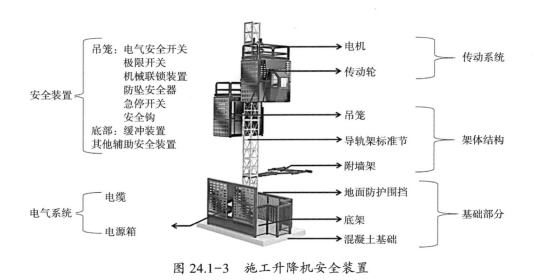

图 24.1-3　施工升降机安全装置

24.2　要点检查，逐项落实

24.2.1　查内业，对证明

施工升降机内业检查分为八项内容：第一查资质、第二查备案、第三查报告（图24.2-1）、第四查合同、第五查方案、第六查验收、第七查人员、第八查管理。

例如查报告，主要检查施工升降机安装改造重大修理报告、防坠安全器检测报告（每年检测一次）、防坠安全器定期检验结论报告（至少三个月做一次额定载荷坠落试验）、施工升降机安装质量自检验收报告，四项报告内容齐备，要求时效性。

施工升降机安装改造重大　　防坠安全器检测报告　　防坠安全器定期检验结论　　施工升降机安装质量自检
修理检测报告　　（每年检测一次）　　报告（至少三个月做一次　　验收报告
　　　　　　　　　　　　　　　　　　　额定载荷坠落试验）

图 24.2-1　查报告

24.2.2　检实物，除隐患

要保障施工升降机安全运行，归根结底是要施工升降机各组成部分实现自身的功能作用，千里之堤溃于蚁穴，任何一处隐患未及时处置都有可能发展成事故，"海因里希"法则告诉我们在进行同一项活动中，无数次意外事件，必然导致重大伤亡事故的发生。而要防止重大事故的发生必须减少和消除无伤害事故，要重视事故的苗头和未遂事故，否则终会酿成大祸。

因此，为了保障安全运行，施工升降机的实物检查不能马虎，要定期安全检查，不定时抽查，发挥全员主观能动性。将施工升降机分成了五个部分：基础部分、架体结构、传动系统、电气系统及安全装置，对实物的检查也按照划分的这五个部分逐一展开。

例如架体结构包括附墙架、标准节及吊笼。对架体结构的检查内容主要是：（1）箱体、结构件无变形、无开焊、无裂纹。（2）导轨架连接牢固、螺栓齐全紧固，标准节无变形、无裂纹、无开焊等现象。经常性检查螺栓情况，如有异常及时处置。（3）要求附墙架完好，安装牢固，附着间距符合要求（每6个标准节加设一道附墙，附着间距不应大于9m，水平夹角不应大于8°）。（4）最顶端附墙件上端不应大于5个标准节，高度应不超过7.5m（包含安全节）。（5）垂直度符合要求，垂直度应当定期不定期检查测试，及时调整。垂直度检查如图24.2-2所示。

图 24.2-2 垂直度检查

24.3 安全管理，跬步千里

众所周知施工升降机是施工现场中常用的垂直运输设备，可用于载人、载物，解决了人员运送和物料的运输问题。施工升降机的安装、拆卸属于危险性较大的分部分项工程，一旦发生事故易造成群死群伤。因此，强化施工升降机安全检查是遏制事故的重中之重。

安全检查无非一内一外，即内业资料与实物。内业资料是管理的痕迹与证明，要求合法合规、齐全留档；实物检查要细致，大到整体结构的垂直度，小到一个螺栓的垫片设置方式，均要求管理人员用心检查，施工升降机划分五个组成区块，每个组成部分又包含若干小项，分别又有不同的要求，零零散散五个大项，数十个小项，上千个构件，越是复杂越要细致到位。在安全的问题上，必须要防范在先、警惕在前；必须要警于思，合于规、慎于行；必须要树立高度的安全意识，人人讲安全，时时讲安全，事事讲安全；必须要筑起思想、行为和生命的安全长城。

第25讲 施工升降机安全装置管控要点

25.1 防坠安全器管控要点

施工升降机必须安装防坠安全器，防坠安全器按照规范要求出厂 5 年报废，必须每年检测一次。

主要作用：当施工升降机失去动力，在导轨上做自由落体时，防坠安全器可以阻止梯笼坠落，也是最后一道安全保障。防坠安全器外观如图 25.1-1 所示，防坠安全器内部构造如图 25.1-2 所示。

图 25.1-1　防坠安全器外观

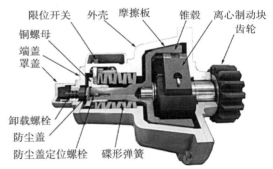

图 25.1-2　防坠安全器内部构造

25.1.1 防坠安全器型号说明

例：SAJ30-1.2，表示制动载荷 3t（30kN），额定制动速度 1.2m/s，制动距离 0.25～1.2m。

25.1.2 防坠安全器日期检查

防坠安全器日期检查包括生产日期检查（图 25.1-3）和检测日期检查（图 25.1-4）。

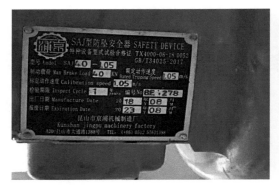

图 25.1-3 生产日期检查

图 25.1-4 检测日期检查

25.2 极限开关管控要点

极限开关是施工升降机上行和下行的最后一道限位保护装置，必须经常检查，确保能够及时断电。极限开关为非自动复位型，使其动作后必须手动复位才能使梯笼重新启动，因为它切断了总电源，使吊笼上、下都无法启动。上、下限位与上、下极限开关碰铁之间的越程距离不小于 0.15m。

极限开关检查不能只试验开关是否有效，应分别检查开关与上、下极限开关碰铁的碰撞过程是否准确、灵敏、可靠。上、下限位，极限开关如图 25.2-1 所示。

图 25.2-1 上、下限位，极限开关

25.3 上、下限位管控要点

上、下限位是分别控制上升电路和下降电路断电的两个开关限位。升降机司机在误操作或升降机失灵的情况下，触发限位断电，停止梯笼上下行动作，避免电梯冒顶式坠地事故发生。检查时要检查碰撞过程是否准确、灵敏、可靠。对上、下限位开关的检查，不能用手动方法代替碰撞过程的试验。

25.4 防冲顶限位管控要点

防冲顶限位一般设置在传动机构顶部沿齿条运行，当升降机上行失控运行到无齿条节（安全节）时发生动作，切断电源。作用是防止梯笼冲顶，保证运行安全，尤其是提高设备拆装时的安全性。防冲顶限位如图 25.4-1 所示。

图 25.4-1　防冲顶限位

25.5 进料门联锁、进料门限位管控要点

25.5.1 进料门联锁

进料门应装有机械锁止装置，使梯笼只有位于底部规定位置时，梯笼进料门才能开启，正常运行时进料门处于锁止状态，无法打开。进料门机械锁止装置如图 25.5-1 所示。

25.5.2 进料门限位

进料门应装有限位开关装置（图 25.5-2），当进料门处于开启状态时，升降机断电，无法运行。

图 25.5-1　进料门机械锁止装置

图 25.5-2　进料门限位开关装置

25.6　出料门联锁、出料门限位管控要点

25.6.1　出料门联锁

出料门防开启装置，手动机械锁，保证正常运行时其不会自动打开。

25.6.2　出料门限位

出料门应装有限位开关装置，梯笼运行过程中，当出料门异常开启时，梯笼将自动断电，停止运行。

25.7　围栏门联锁、围栏门限位管控要点

25.7.1　围栏门联锁

围栏门防开启装置（图 25.7-1），梯笼未达到最底部时，围栏门无法开启。

25.7.2　围栏门限位

围栏门应装有限位开关装置，当围栏门处于开启状态时，梯笼断电，无法运行。围栏门限位开关装置如图 25.7-2 所示。

图 25.7-1　围栏门防开启装置　　　　图 25.7-2　围栏门限位开关装置

25.7.3　围栏门联锁、限位检查常见问题

围栏门联锁、限位装置失效（图25.7-3），梯笼上行过程中，能打开且电梯不断电。

图 25.7-3　围栏门联锁、限位装置失效

25.8　天窗限位管控要点

天窗应设置限位装置，在梯笼运行过程中，天窗异常开启或未关闭时，梯笼自动断电，停止运行，避免高处坠物伤人。同时，抵达天窗的梯子（逃生梯、维修梯）应始终置于梯笼内。天窗限位、逃生梯如图 25.8-1 所示。

天窗限位失效（图 25.8-2）常见问题一般是工人将限位捆扎或掰弯。

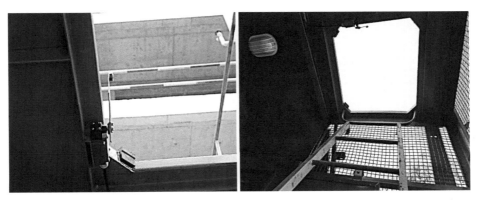

图 25.8-1　天窗限位、逃生梯

图 25.8-2　天窗限位失效

25.9　超载保护管控要点

梯笼内应装有超载保护装置,该装置应对梯笼内荷载、梯笼自重荷载、梯笼顶部荷载均有效。超载保护装置使用销轴式传感器时,应设置安全销。超载保护器、传感器销轴如图 25.9-1 所示。

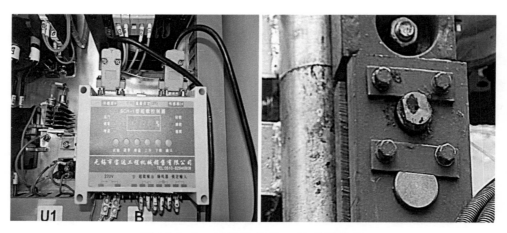

图 25.9-1　超载保护器、传感器销轴

第**26**讲 起重机械红线

26.1 事故隐患

26.1.1 安全风险

风险是指生产安全事故或健康损害事件发生的可能性和后果的组合。风险有两个主要特性，即可能性和严重性。可能性是指事故（事件）发生的概率。严重性是指事故（事件）一旦发生后，将造成的人员伤害和经济损失的严重程度。

26.1.2 事故隐患

事故隐患是指生产经营单位违反安全生产法律、法规、规章、标准、规程和安全生产管理制度的规定，或者因其他因素在生产经营活动中存在可能导致事故发生的物的不安全状态、人的不安全行为和管理上的缺陷。

26.1.3 事故隐患与安全风险的区别

（1）从性质上：安全风险具有不确定性，而事故隐患具有确定性。安全风险具有预期、前瞻、假想的性质，不一定发生；而事故隐患则具有现实存在特点。如：塔式起重机司机班前试车检查，以防塔式起重机在使用过程中有问题而引发事故，这属于安全风险预判行为；在试车检查过程中发现塔式起重机高度限位器失效，并及时汇报了主管妥善地消除隐患，这种行为属于事故隐患的排查与治理行为。

（2）从涵盖面上：安全风险涵盖面要比事故隐患大得多。安全风险包含了可能引发事故的各种因素，如：人、机、物、环境、管理等；事故隐患一般只包括：机、物、环境的安全缺陷。例如：塔式起重机司机不掌握本岗位的安全规程，不熟悉塔式起重机的操作方法等，这些属于安全风险；而生产作业现场场地狭窄、物品堆放不稳当、设备设施安全防护装置不齐全，这些属于事故隐患范畴。

（3）从管控思路上：安全风险以提前分析辨识，制定并落实相应的防护措施为主，而事故隐患则以限期整改直到验收合格，隐患消除为止。

《安全生产法》多次提出了安全风险分级管控和隐患排查治理双重预防工作机制。当前，双重预防工作机制是一项切实可行的重要机制，生产经营单位如果不积极落实将会面临行政处罚甚至是刑事处罚。

26.1.4 事故隐患与安全风险的关系

两者是相辅相成、相互促进、相互补充的关系，任何工作都有风险，风险不可控就成了隐患，隐患发生质变伤人就成了事故。安全风险分级管控是隐患排查治理的前提和基础，是提高隐患治理科学性、针对性的前提条件。通过强化安全风险分级管控，从源头上消除、降低或控制相关风险，进而降低事故发生的可能性和后果的严重性。隐患排查治理是安全风险分级管控的强化与深入，是以风险管控措施的落实情况为排查重点，查找风险管控措施的失效、缺陷或不足等隐患，采取措施予以整改，同时，分析、验证各类危险有害因素辨识评估的完整性和准确性，进而完善风险分级管控措施，减少或杜绝事故发生的可能性。安全风险分级管控和隐患排查治理共同构建起预防事故发生的双重机制，构成两道保护屏障，有效遏制重大、特大事故的发生。

26.1.5 判定标准

根据《安全生产法》第一百一十八条规定，国务院应急管理部门和其他负有安全生产监督管理职责的部门应当根据各自的职责分工，制定相关行业、领域重大危险源的辨识标准和重大事故隐患的判定标准。据此，房屋市政工程生产安全重大事故隐患判定有据可依，有法可依。为我们以后的工作树立了标准，指明了方向。

26.1.6 法律责任

（1）《安全生产法》第一百零二条规定，生产经营单位未采取措施消除事故隐患的，责令立即消除或者限期消除，处五万元以下的罚款。

（2）《刑法》第一百三十四条规定，因存在重大事故隐患被依法责令停产停业、停止施工、停止使用有关设备、设施、场所或者立即采取排除危险的整改措施，而拒不执行的，处一年以下有期徒刑、拘役或者管制。

（3）《刑法》第一百三十四条规定，强令他人违章冒险作业，或者明知存在重大事故隐患而不排除，仍冒险组织作业，因而发生重大伤亡事故或者造成其他严重后果的，处五年以下有期徒刑或者拘役；情节特别恶劣的，处五年以上有期徒刑。

事故出现之前进行积极预防为主导的刑事立法是我们国家安全生产大势所趋。以往出了事故才会承担刑事责任,现在是存在重大事故隐患即使没有出事故但存在现实危险的也要承担刑事责任。如塔式起重机安装完毕未经验收私自使用,那么就可以依据《安全生产法》第一百零二条责令立即整改并处 5 万元以下处罚;如果未整改仍然使用,那么可以根据《刑罚》第一百三十四条,处一年以下有期徒刑;如果因为塔式起重机未经验收私自使用从而导致事故发生,那么就有可能触犯《刑罚》第一百三十四条规定,处五年以上有期徒刑。所以说我们要知法、懂法、守法,施工现场不能出现重大事故隐患。

26.2 事故预防

安全管理重在预防,安全管理关口要前置,越往前移越安全、越往前移越容易管理。如 2012 年武汉某项目施工升降机坠落造成 19 人死亡重大伤亡事故,如果吊笼上锁,有专职司机,电锁有效,有人提前检查发现第 66 节、67 节标准节右侧 2 个连接螺母脱落问题,有人管理不超载,就不会造成伤亡事故,但是安全只有结果,没有如果,所以安全管理必须前置,安全第一不只是口号,要抓铁有痕。

26.2.1 基础牢固

起重机械的地基基础承载力和变形不满足设计要求容易诱发整机倾覆事故(图26.2-1、图 26.2-2)。塔式起重机基础承载力确定尤为重要,依据《建筑施工塔式起重机安装、使用、拆卸安全技术规程》JGJ 196—2010 第 3.2.1 条规定,塔式起重机的基础应按国家现行标准和使用说明书所规定的要求进行设计和施工。施工单位应根据地质勘察报告确认施工现场的地基承载能力。关于起重机械排水的问题,塔式起重

图 26.2-1 塔式起重机倾覆事故(一)

图 26.2-2 塔式起重机倾覆事故(二)

机基础顶面与筏板的顶面齐平，采取自然排水（图 26.2-3），可有效解决塔式起重机基础积水（图 26.2-4）造成钢结构或连接螺栓严重锈蚀而导致强度降低、基础沉降，偏斜的问题。

图 26.2-3　自然排水　　　　　图 26.2-4　基础积水

26.2.2　方案先行

依据《危险性较大的分部分项工程安全管理规定》（住房城乡建设部令第 37 号），起重机械安装和拆卸属于危险性较大的分部分项工程，施工前应编制专项施工方案。起重量在 300kN 及以上、搭设总高度在 200m 及以上、搭设基础标高在 200m 及以上的起重机械安装和拆卸工程专项施工方案应组织专家论证。谁编制专项施工方案、谁审查、谁签字，必须认真对待，严格落实起重机械安装和拆卸方案编审批流程（图 26.2-5）。

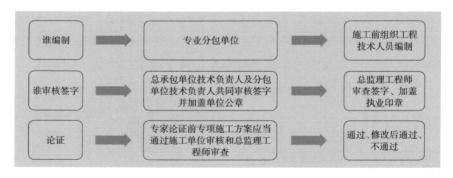

图 26.2-5　起重机械安装和拆卸方案编审批流程

26.2.3　持证上岗

起重机械安装和拆卸容易造成人员伤亡事故，对操作者本人、他人及周围的设施安全可能造成重大危害的作业，属于特种作业，特种作业人员应经过专门的培训，合格后取得特种作业人员操作资格证书，方可上岗作业，特种作业操作资格证书如图 26.2-6 所示。《安全生产法》第三十条规定：生产经营单位的特种作业人员必须按照国家有关规定经专门的安全作业培训，取得相应资格，方可上岗作业。《安全生产法》第九十七条规定：特种作业人员未按照规定经专门的安全作业培训并取得相应资格上岗作业的，责令限期改正，处十万元以下罚款；逾期未改正的，责令停产停业整顿，并处十万元以上二十万元以下的罚款，对其直接负责的主管人员和其他直接责任人处二万元以上五万元以下的罚款。

图 26.2-6　特种作业操作资格证书

26.3　前期检查

　　起重机械顶升加节及附着前应对结构件、顶升机构和附着装置以及高强度螺栓、销轴、定位板等连接件及安全装置进行检查，确认安全后方可从事下一步工作，否则就会发生如图 26.3-1～图 26.3-8 所示的安全事故。把管理前置、从源头上解决问题，这才是最有效的管理。把管理前置依靠的不仅仅是经验和知识的积累，还要建立全员前置管理的机制。如塔式起重机标准节塑性变形这个隐患，从采购环节、进出厂环节、安拆环节都要全员前置管理，采购人员从设备采购环节前置管理、杜绝购买变形的标准节，产权单位收料人员进出厂验收环节前置管理，杜绝变形的标准节进出厂，设备安拆人员在

图 26.3-1　结构件塑性变形

图 26.3-2　结构件塑性变形引发的事故

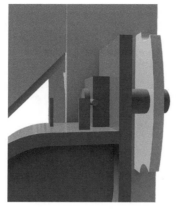 

图 26.3-3　顶升横梁防脱装置（一）　　　图 26.3-4　顶升横梁防脱装置（二）

图 26.3-5　附着杆变形　　　　　　　图 26.3-6　附着框开裂

图 26.3-7　标准节连接螺栓缺失　　　图 26.3-8　附着螺栓缺失

设备安拆环节前置管理、变形的标准节禁止安装，这也是生产经营单位落实全员安全生产责任制的一种体现。

26.4 过程管理

（1）建筑起重机械安装完毕后，使用单位应当组织出租、安装、监理等有关单位进行验收，或者委托具有相应资质的检验检测机构进行验收，检测报告如图 26.4-1 所示。建筑起重机械经验收合格后方可投入使用，未经验收或者验收不合格的不得使用。实行施工总承包的，由施工总承包单位组织验收。建筑起重机械在验收前应当经有相应资质的检验检测机构监督检验合格。使用单位应当自建筑起重机械安装验收合格之日起 30 日内，将建筑起重机械安装验收资料、建筑起重机械安全管理制度、特种作业人员名单等，向工程所在地县级以上地方人民政府建设主管部门办理建筑起重机械使用登记（图 26.4-2）。

报告编号：SDHN-TJW-2022-济南0070

塔式起重机检验报告

華寧檢測

施工单位：山东天齐置业集团股份有限公司

监理单位：山东邦安工程项目管理有限公司

安装单位：山东天恒设备安装有限公司

产权单位：山东天齐置业集团股份有限公司

设备型号：QTZ80(STT133)

检验日期：2022.06.12

检验单位：山东华宁设备检测有限公司

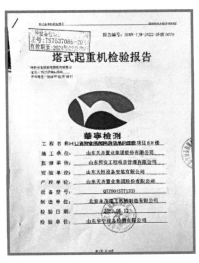

图 26.4-1　检测报告

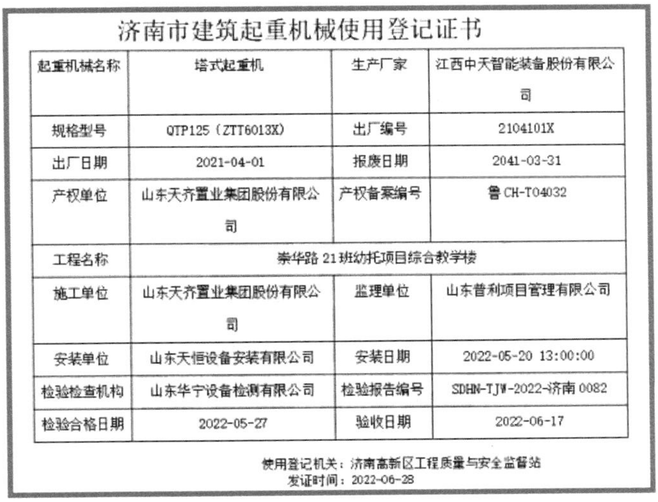

济南市建筑起重机械使用登记证书

起重机械名称	塔式起重机	生产厂家	江西中天智能装备股份有限公司
规格型号	QTP125（ZTT6013X）	出厂编号	2104101X
出厂日期	2021-04-01	报废日期	2041-03-31
产权单位	山东天齐置业集团股份有限公司	产权备案编号	鲁 CH-T04032
工程名称	崇华路 21 班幼托项目综合教学楼		
施工单位	山东天齐置业集团股份有限公司	监理单位	山东普利项目管理有限公司
安装单位	山东天恒设备安装有限公司	安装日期	2022-05-20 13:00:00
检验检查机构	山东华宁设备检测有限公司	检验报告编号	SDHN-TJW-2022-济南 0082
检验合格日期	2022-05-27	验收日期	2022-06-17

使用登记机关：济南高新区工程质量与安全监督站
发证时间：2022-06-28

图 26.4-2　使用登记

（2）起重机械独立高度、附着的间距及垂直度应符合说明书及规范要求。每次加节和每月应至少测量一次垂直度，不符合要求的立即采取紧急措施。

（3）建筑起重机械的安全装置不齐全、失效或者被违规拆除、破坏的应立即停用修复。司机班前应做好试车检查，禁止带病作业，班前试车检查、维修保养、定期检查应利用水印照片等手段进行可视化管理留痕，如图 26.4-3 所示。根据《塔式起重机安全规程》GB 5144—2006，塔式起重机的安全装置主要有：起重量限制器

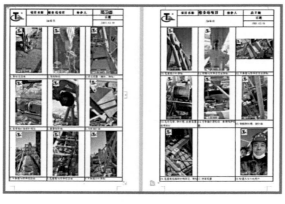

图 26.4-3　水印照片，可视化管理留痕

图 26.4-4　起重量限制器

图 26.4-5　起重力矩限制器

图 26.4-6　行程限位装置
（幅度限位器、高度限位器）

图 26.4-7　小车断绳
保护装置

图 26.4-8　小车断轴保护装置

图 26.4-9　钢丝绳防脱装置

图 26.4-10　风速仪

（图 26.4-4）；起重力矩限制器（图 26.4-5）；行程
限位装置（幅度限位器、高度限位器）（图 26.4-6）；
小车断绳保护装置（图 26.4-7）；小车断轴保护装
置（图 26.4-8）；钢丝绳防脱装置（图 26.4-9）；风
速仪（图 26.4-10）；夹轨器；缓冲器、止挡装置
（图 26.4-11）清轨板以上这些安全装置要齐全、有
效，禁止拆除、破坏。

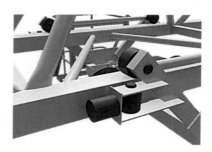

图 26.4-11　缓冲器、止挡装置

第27讲 塔式起重机的进场施工实战化安全管理

27.1 进场准备

27.1.1 设备选择

从技术与设备品牌两个方面进行选择：

（1）技术层面：注意吊装范围的需求，起重性能的需求，运行速度，安装高度等，特别注意的是，把起重量控制在额定起重量和额定起重力矩的 80% 以下。塔式起重机超力矩作业，是发生塔式起重机事故的一个重要原因，超力矩作业造成的事故如图 27.1-1 所示。

（2）设备品牌方面：优先选择国企品牌，满足吊重的情况下，尽量选择大一型号的设备。

图 27.1-1 超力矩作业造成的事故

27.1.2 平面布置

（1）塔式起重机旋转半径内尽量不要有生活区或办公区。

（2）考虑施工电梯的位置。

（3）有无空中障碍物。

（4）基础设置避免穿梁柱帽，避免重叠后浇带，尽量与筏板一体构造。

（5）满足拆除需求。

（6）与高压线的安全距离。

（7）群塔作业避免相互覆盖建筑物。

（8）前期技术定位不准确，给后续工作带来的不只是利益的损失，还有重大的安全隐患，一定要多与设备相关单位及时沟通。

27.2 进场施工

27.2.1 基础制作

（1）基础制作需要注意的内容：

1）根据说明书，不同地基承载力做不同的基础。

2）出具隐蔽工程验收报告。

3）待混凝土强度达到设计强度的 80% 再进行安装，强度等级常规用 C35。

4）避雷接地，保护零线接地，接地电阻 4Ω 以内，排水采用排水沟。

5）水平度为 1/1000。

（2）容易忽略的内容有：

1）后续土方施工位置。

2）预埋件的施工工艺（图 27.2-1），预埋螺栓。

3）基础单侧挖空（图 27.2-2）导致局部支撑力不足，基础不均匀沉降，此时塔式起重机不允许安装。

4）横向销轴或者横向螺栓的基础浇灌时，需要用泵车从中间慢慢浇灌。

图 27.2-1 预埋件的施工工艺　　　　　图 27.2-2 基础单侧挖空

27.2.2　进场验收

（1）进场验收包括：资料验收与设备验收。

1）资料验收：设备型号、品牌、铭牌与报检资料相符合；

2）设备验收：易损件验收、安全装置验收及钢结构验收；其中安全装置验收包括：①力矩限位；②重量限位；③起升高度限位；④小车变幅限位；⑤回转限位；⑥吊钩防脱装置；⑦防跳槽装置；⑧防断绳保护装置。

钢结构验收中进场验收的核心是最容易被忽略的，钢结构一旦设备安装之后，极难整改维修，那么隐患就会一直存在。进场的钢结构验收一定要细致且到位。

（2）钢结构验收的要点：

1）机械裂纹（图27.2-3）、焊接裂纹、变形裂纹等裂纹位置多出现于焊接位置、管状构件，变形位置中不易发现；

2）严重锈蚀、部位缺失（图27.2-4）。

图 27.2-3　机械裂纹

图 27.2-4　部位缺失

27.2.3　安装风控

安装过程中遇到以下情况，禁止施工作业：

1）现场无警戒线，无旁站人员；2）未正确使用安全带、安全帽；3）垂直度超过3%；4）吊装绳、卡扣报废；5）6级及以上大风，以及雨雪霜等灾害天气；6）汽车起重机型号不符，站位未按照施工方案，起吊位置处地质松动。

27.3 验收使用

验收使用的要点：

（1）安装单位自检：委托第三方检验机构进行检验，资料审核，多方组织验收。

（2）五限位，三保险是核心。

1）五限位包括：

①回转限位：回转限位开关动作时，臂架旋转角度应不大于 ±540°；回转限位缺失会造成电缆扭结；

②起升限位：起升限位缺失会造成大钩冲顶，钢丝绳断裂；

③力矩限位：达到额定起重力矩的 90% 时发出预警信号，达到或超过额定起重力矩时发出超载信号，并自动停止起重机。力矩限位缺失造成的重大事故如图 27.3-1 所示。

④重量限位：达到额定起重力矩的 90% 时发出预警信号，达到或超过额定起重力矩时发出超载信号，并自动停止起重机。

⑤变幅限位：小车停车时，其端部距缓冲装置最小距离为 200mm，变幅限位缺失使变幅钢丝绳断裂（图 27.3-2）。

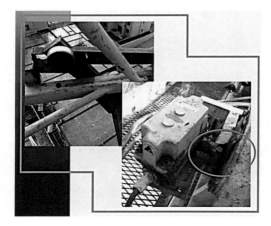

图 27.3-1　力矩限位缺失造成重大事故　　图 27.3-2　变幅限位缺失使变幅钢丝绳断裂

2）三保险包括：

三保险有：吊钩防脱装置、防跳槽装置、防断绳保护装置，吊钩防脱功能失效如图 27.3-3 所示，滚筒防跳槽装置失效如图 27.3-4 所示。

限位、保险是设备安全防护的最后一道防线。务必按照行业规范执行。

图 27.3-3　吊钩防脱功能失效　　　　图 27.3-4　滚筒防跳槽装置失效

第 **28** 讲 如何做好塔式起重机安装工作

塔式起重机是建筑施工现场常用的一类大型机械，也是极易发生事故的一类机械。近些年来，建筑行业对塔式起重机的管理也变得更为重视，各层级安全管理人员，会把更多的检查精力放在塔式起重机使用阶段，对塔式起重机的吊装作业和维修保养等工作越来越重视。据不完全统计，塔式起重机安装时发生的事故，占塔式起重机总事故量的 60% 以上，这也说明，塔式起重机的安装工作，是极易发生事故的危险环节，并且塔式起重机的安装，属于危险性较大的分部分项工程，也足以体现塔式起重机安装工作存在的危险性和特殊性。塔式起重机安装管理从进场到安装完成，其整个工作程序复杂，涉及面较多，协调因素多样，某一个因素管理不到位，都可能对安装或者后续使用造成重大影响，面临事故深渊。很多安全管理人员、机械管理人员对塔式起重机安装工作并不熟悉，对步骤衔接，细部管理的要点略微生疏，更多地交由安装单位自行管控，管理触角难以渗透下去。

在项目进场开始，就要对塔式起重机安装单位和租赁单位，以及塔式起重机型号规格进行比对选用，随后进行基础制作、安装告知。以上三步完成后，联系租赁单位准备塔式起重机进入施工现场，并组织人员对塔式起重机进场验收。安装前对作业人员进行教育以及对使用的施工机械设备进行验收，安装时进行旁站管控。

28.1 安装前的三项准备工作

28.1.1 塔式起重机选用管理

塔式起重机的安装、使用和拆除都是需要机械以及安监人员来直接管理，所以我们在供应商的招标阶段，安监人员就要充分参与，提供关键意见。

（1）在招标阶段需要明确安全方面的具体要求，严格审查各供应商资质。

（2）供应商的选用不仅要考虑报价，还需要从综合实力，安全性能以及后期维修保养服务能力考虑，建议优先选用租赁、安拆维修保养一体化的供方，避免使用中出现多家单位相互推责、配合不当、工作难以推进的情况出现，对安全性大打折扣。

（3）在签订合同时，要明确塔式起重机的品牌，选择大品牌的设备进场使用。

（4）要结合当地规定，明确塔式起重机的限制使用年限。明令禁止淘汰报废超安全使用年限的机械。

（5）合同附件中还需要包括安全协议，详细列出双方责任权利。

28.1.2　塔式起重机基础管理

塔式起重机基础是保证塔式起重机整体稳固的关键，是塔式起重机安全安装以及后续安全使用的必要条件。需要我们严格把控制作的各个环节，保证基础稳固；基础制作需要我们重点关注以下几个方面：

（1）在基础制作前需总包技术、试验人员对地基进行钎探，根据地质勘察报告确定承载能力是否满足要求，根据地基承载力编制塔式起重机基础专项施工方案。

（2）塔式起重机基础应按照其产品说明书所规定的要求进行设计和施工，要求作业人员严格按照施工方案进行施工（图 28.1-1）。

图 28.1-1　按施工方案进行施工

（3）应当按说明书要求使用同一品牌公司提供的支腿，详细检查其出场合格证，质量合格证等。在支腿预埋时，应当校核水平度，将水平度误差严格控制在 1/1000 以下。

（4）浇筑时，支腿安装人员、专业技术人员应严格做好浇筑旁站，按方案要求进行浇筑，测量支腿水平度，做好过程校核。

（5）混凝土强度达到设计强度的 80% 时才可以开展后续安装工作。

28.1.3　塔式起重机安装告知

由安监人员详细审核塔式起重机安装告知资料清单（表 28.1-1），逐一审查确认符合要求后，将上述资料网上告知所在地县级以上主管部门备案。

塔式起重机安装告知资料清单　　　　　　　　　　　表 28.1-1

序号	内容
1	塔式起重机安装信息表
2	建筑起重机械产权备案证书
3	安装单位资质证书、安全生产许可证
4	安装单位特种作业人员名单及证书
5	起重机械安拆专项施工方案审核表
6	安装单位与使用单位安全协议
7	安装单位负责安拆工程的专职安全员、专业技术员
8	起重机械安拆工程应急救援预案
9	基础验收表、出租单位出租前检测合格证明

28.2 塔式起重机进场验收六类重点

完成安装告知后，需要严格组织塔式起重机进场验收，切记不可直接进行安装，严格控制有隐患、不合格机械进场。塔式起重机进场验收共需要检查以下六类重点内容：

28.2.1 资质审核

对安装单位以及塔式起重机进行资质身份审查，要求安拆单位应有相应资质，且在资质许可的范围内承揽工程。严禁无资质、超范围或挂靠从事安拆作业。并且要求进场的安拆单位应当一并进行安拆、顶升以及附着，严禁多单位肢解分包的情况出现。随后应当对塔式起重机资料进行检查，查看产品合格证，以及备案登记等。要求安装单位及塔式起重机证件齐全且均在有效期内。

28.2.2 塔式起重机整体检查

塔式起重机整体检查的内容：

（1）环绕塔式起重机检查整机钢结构是否良好，要求无裂纹、无变形以及无腐蚀生锈，且禁止混用标准节。整体钢结构检查如图 28.2-1 所示。

（2）检查主要连接及焊接处，要求无开焊、无裂纹，查看所有爬梯、防护栏杆、顶升套架平台等重点站人的部位，要求整体无变形、无锈蚀。

（3）要求配重整体无裂纹、无缺棱掉角的情况，警示漆齐全，配重上有明显的重量标识。并按说明书要求，核查配重的配备情况是否正确。配重检查如图28.2-2所示。

（4）塔式起重机的钢结构、连接处以及配重等关键部件存在问题或老旧标准节混用等严重问题，应当禁止入场安装。

图 28.2-1　整体钢结构检查

图 28.2-2　配重检查

28.2.3　安全装置检查

完成塔式起重机整体初步验收后，我们需要检查塔式起重机的关键装置，也就是安全装置。塔式起重机安全装置分别是力矩限制器、重量限制器、高度限位器、变幅限位器、回转限位器。这里需要注意，在进场阶段安全装置的检查，仅局限于核查安全装置是否齐全，外观、线路整体无损坏即可，具体性能待使用前调试阶段再详细验收。

28.2.4　保险装置检查

塔式起重机的保险装置，同样十分重要，是给各个部位提供最后保护的装置，进场时一定要齐全有效。保险装置共有四种，分别是吊钩的防脱保险、钢丝绳防脱保险，以及小车的断绳保护和断轴保护装置。需要分别对吊钩，滑轮组、起升卷筒、变幅卷筒，以及在变幅小车等位置的保险装置进行检查。

28.2.5　司机室检查

一个合格的司机室，需要具备以下条件：

（1）司机室整体干净整洁、无易燃物、配备绝缘地板垫、窗户位置无遮挡物等，避免影响视线，且顶棚有照明装置；

（2）检查操作台，操作手柄、零位按钮、急停按钮等完好，有标识，回位正确；

（3）司机室必须有冷暖设备（空调），保证司机工作环境良好；

（4）操作室内有消防设施，至少设置一组灭火器且有效；

（5）标识标牌齐全：塔式起重机原厂铭牌、力矩性能表以及司机操作规程均悬挂到位。

28.2.6　起升机构检查

（1）检查其制动系统，要求刹车片、制动轮的磨损量符合要求，制动轮等部件无裂纹，无变形情况，且制动油质无杂质，所有外露的运动部件要有防护罩。

（2）检查所有位置的滑轮组，要求滑轮的钢丝绳防脱装置完好，滑轮无变形损坏，断裂的情况，磨轮程度符合要求。绳槽壁厚磨损不超过原厚度的 20% 为合格，槽底磨损不超过钢丝绳直径的 25% 为合格。

（3）检查钢丝绳卷筒，要求卷筒的防脱保险齐全，筒壁无裂纹，无轮缘破损等情况。

（4）吊钩整体均无焊补和裂纹的情况，出现挂绳处断面磨损超过原高度的 10%，吊钩开口度超过原尺寸的 15%，表面裂纹及防脱钩装置缺失或失效等隐患都应禁止入场。

28.3　塔式起重机安装的五项管控举措

28.3.1　人员管控及作业资格审查

（1）塔式起重机安装作业规模较大，是需要多人相互配合的作业。对塔式起重机安装作业的特种作业人员的种类以及数量有着明确规定，要求安拆人员至少 4 名，并至少配备 1 名信号工、电工以及司机才能满足要求。不仅如此还需要安拆单位技术人员，专职安全员，总包单位的专职机管员、安全员以及监理人员全程在岗旁站监督。除以上人员，还需要一名辅助起重机械司机到场，共同完成作业。以上人员缺一不可，应严格把控，且全程在岗。塔式起重机安装人员配置如图 28.3-1 所示。

（2）针对上述安拆工、信号工、塔式起重机司机等特种作业人员应当核查特种作业证件，并上网查验真伪，还需要他们提供相关人员在单位社保参保证明，证明其隶属关系。并做好以上资料的收集与查验。

图 28.3-1　塔式起重机安装人员配置

28.3.2　作业人员教育及交底

待人员资格查验确认完成后，由总包单位对作业人员进行入场教育，教育的内容包括但不限于：塔式起重机安装要求、安装时的注意事项、周边环境特点以及人员劳保要求等。专项施工方案实施前，技术负责人应向管理人员进行方案交底，管理人员应当向作业人员进行安全技术交底，要求交底内容有针对性，贴合现场，并确保交底到每个人。随后由双方和项目专职安全员共同签字确认，并做好相关记录留存。

28.3.3　辅助起重机械验收

辅助起重机械通常为汽车起重机，应确定吊装性能满足安装使用要求，需要收集起重机的相关资料，核查人员证件，最后对汽车起重机进行检查验收，要求其各项安全装置符合要求，支腿以及支设地基情况良好，对吊索具进行重点检查。

28.3.4　作业环境审查

作业环境审查应当注意以下几点：

（1）安装当天天气应当良好，如遇雨雪、大风天气禁止安装，风速要求不超过12m/s。

（2）应当严格划分警戒区域，保证区域内无交叉作业，且尽量避免吊装经过主干道或城市街道。

（3）塔式起重机临近高压线路，需按表中数据，严格审查安全距离是否满足要求，如有影响则需要联系有关部门拆改线路或安装防护措施，否则禁止安装。

28.3.5 安装重点环节管控

现场旁站监督是塔式起重机完成安装的最后一个管控环节，绝不能因前面完成了90%而放松警惕，更需要认真对待这一管控环节。塔式起重机作为危险性较大的分部分项工程，需要我们安全管理人员在现场进行监督。重点管控以下环节：

（1）对专项施工方案的实施情况做好现场核查。并重点关注作业工序，要求工序正确，且衔接得当。

（2）监督安装工作质量，需要检查大臂上下弦杆、拉杆等位置的销轴以及开口销的设置情况。

（3）聚焦一线作业行为以及劳保用品的管控，在作业期间严格管控人员安全带的佩戴以及使用情况。

（4）推行良好管理做法，为作业人员提供安全条件。

现场作业监督如图 28.3-2 所示。

图 28.3-2　现场作业监督

第29讲 塔式起重机安全管理的三控制六措施

在建筑施工常见的事故类型中，高处坠落的事故发生频率一直居高不下，坍塌事故的危害性也让人望而生畏，但自 2016 年以来，起重伤害事故的发生频率和事故发生危害性在逐年增高。而塔式起重机作为建筑施工领域最常见，使用最频繁的建筑起重机械，加强安全管理仍是建筑施工过程中急需解决的课题。

29.1 人员控制

图 29.1-1 为 2021 年起重伤害事故统计，在起重伤害事故中因司机、信号指挥人员导致的事故占比高达 62%，因起重作业人员导致的事故占比达到 35%，因机械故障、恶劣天气原因导致的事故占比 3%。所以在塔式起重机安全管理中，操作人员的安全管理理是机械管理的难点也是重中之重。本节从进场源头、规章流程、培训教育三方面阐述管理的经验和方法。

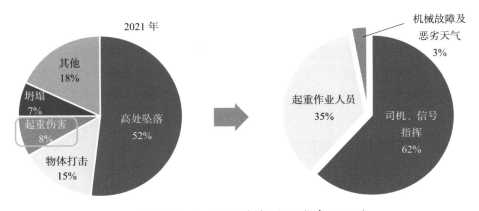

图 29.1-1 2021 年起重伤害事故统计

29.1.1 从进场源头管控人员的进场素质

塔式起重机司机作为特种作业人员应具有良好的身体素质、文化素质及安全素质:

(1)塔式起重机司机的健康要求:身体健康,双目裸眼视力均不低于0.7,无色盲、听觉障碍、癫痫、高血压、心脏病、眩晕、突发性昏厥等妨碍起重作业的其他疾病及生理缺陷。

(2)塔式起重机司机必须熟知所操作塔式起重机的性能构造,按塔式起重机有关规定进行操作,严禁违章作业;应熟知机械的保养、检修知识,按规定对机械进行日常保养;必须通过安全技术培训,取得特种作业人员操作证,方可独立操作。

(3)塔式起重机司机必须具备较高的安全素质,能够严格执行塔式起重机操作规程,不冒险作业,不违章作业,并能够及时拒绝、制止违章指挥,不违反劳动纪律。

所谓从源头控制进场人员的素质便是从以上三个方面对进场人员进行审查,一般可分为以下几个步骤:

1)通过专业分包队伍建立特种作业人员备案资源库,在进入施工现场前由劳务分包队伍提交特种作业人员"六合一审核表"。对特种作业人员的身份证、特种作业证、作业证官网查询证明、意外伤害保险缴纳证明,以及近期的体检证明进行审查,符合以上要求的人员允许入库,形成备案资源库。凡进入现场的人员必须从资源库内进行选取,这也在一定程度上避免了学徒工、市场劳务零工进入施工现场的情况。

2)通过施工项目的入场三级教育、安全技术交底、专业教育了解施工现场安全管理制度等。

3)对设备的机械性能进行交底,了解设备的生产厂家、基本机械性能等,一定程度上避免后期施工过程中的违章吊装行为。

4)最后通过入场考核,能够较好地执行相关管理规定。通过后期管理人员的过程监管不断筛选人员的基本素质。

5)建立黑名单制度并结合备案资源库制度控制后期人员的不安全行为,凡在后期监管过程中发现的操作技能差、安全意识差、不服从管理、违法的人员拉进黑名单并从备案资源库除名,不得再次进入施工现场。

29.1.2 规章流程约束人员的不安全行为

作为建筑机械的管理人员应具备一定的规章流程编制能力,贴合施工现场实际,制作符合自身实际的规章流程才能更有效的约束人员的不安全行为。

吊装流程如图29.1-2所示。

图 29.1-2　吊装流程

在现场施工中操作人员往往会忽略或私自跳过某个流程而导致事故发生。

编制符合自身特点的规章流程应该遵循以下几个原则：

（1）简洁明了，通俗易懂：将复杂难懂的专业术语转化为简单的语言，这样工人们才能更好地理解，并达到遵守的效果。

（2）细化流程，识别风险：如把吊装流程进一步细化，起钩工作可以继续细化，比如说"听、观、鸣，逐挡起"在听到信号指挥的指令后，先观察周围环境是否存在障碍，确认安全鸣笛告知下方人员后逐挡起钩。

（3）专项对口，具有针对性：对什么样的人说什么样的事，干什么样的工作用什么样的规章流程。

（4）强制约束力，违者必究：制定具有强制约束力的制度，违者必究。

29.1.3　教育培训深化人员的安全意识

培训教育能够提高人员的安全意识，规范人员的行为，让全员去参与管理。只有人人管安全，人人控安全，才能形成我们企业甚至我们国家的安全文化。

著名的心理学家威廉詹姆斯曾说过形成或改变一个行为只需要 21 天。这就是著名的 21 天效应。21 天效应可以分为三个阶段：第一阶段是顺从阶段，第二阶段是认同阶段，第三阶段是内化阶段。而对习惯性违章的改变，也可以分为三个阶段：第一阶段是逆反阶段，第二阶段顺从阶段，第三阶段是认同阶段。

通过习惯性违章改变的三个阶段，我们培训教育的时间频率也可以分为三个阶段。第一阶段是班组级和分包级的班前教育以及周总结分析。第二阶段是项目级和公司管理级的培训教育以及季度安全培训。第三阶段是公司领导级的每半年的全员培训。只有这样通过碎片式、反复式、连续性的培训教育才能潜移默化地让操作人员形成一个良好的安全意识，最终也能形成企业的安全文化。

29.2 安拆控制

29.2.1 风险识别

风险矩阵是指事故发生的可能性和事故发生的严重性的乘积，如果乘积越大，说明事件发生的危害越大，等级越高。

而对起重机械安拆作业，可以借助风险矩阵，分三步来分析每个起重机械安拆工序的风险性。

（1）分析事件的关键问题

以安拆作业作为分析事件，建筑施工起重事故统计如图 29.2-1 所示，起重作业占比 35%。而在这 35% 中，顶升降节环节出现事故的发生频率占比 61.5%。伤亡 57 人占起重作业伤亡人数的 74%。根据风险矩阵的发生可能性及危害性推断，在起重安拆作业事件中关键问题便是顶升降节作业。

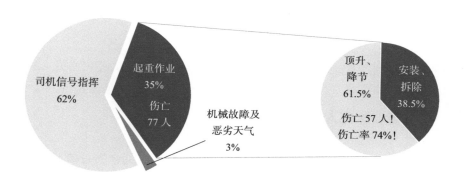

图 29.2-1 建筑施工起重事故统计

（2）分析关键问题的主要矛盾

图 29.2-2 为顶升降节，顶升降节作业在此状态下，是最危险、最薄弱的环节。因为此时塔式起重机回转通过顶升套架传递到塔身标准节上，一旦顶升系统出现任何部件的失稳就会导致整个系统的平衡稳定性发生瞬间的崩塌，最终导致事故发生，所以在该环节的主要工作便是确保整个系统的平衡稳定性。

（3）分析主要矛盾的主要方面

顶升降节时主要的受力点有：

图 29.2-2 顶升降节

1）顶升横梁与标准节顶升踏步的连接处。

2）回转支撑与顶升套架的连接处。

3）换步支撑杆与标准节的顶升踏步的连接处。

主要受力点如图 29.2-3 所示。

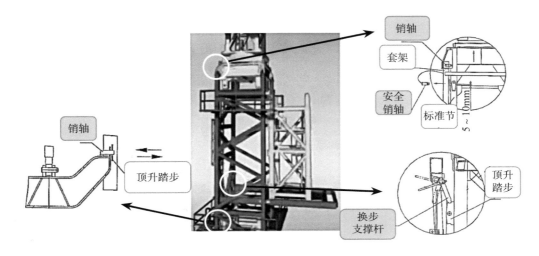

图 29.2-3　主要受力点

29.2.2　风险管控

风险点识别后，按照风险点制定控制措施。

1）顶升降节过程中回转与套架必须连接可靠，连接销轴严禁拆卸。如图 29.2-4 所示。

图 29.2-4　回转与套架必须连接可靠，连接销轴严禁拆卸

2）回转支撑与标准节未可靠连接前，塔式起重机严禁回转、起升、变幅，如图 29.2-5 所示。

图 29.2-5　回转支撑与标准节未可靠连接，严禁进行回转、起升、变幅

3）顶升油缸操作由经验丰富的专人操作。顶升过程中，严禁人员擅自离岗，如图 29.2-6 所示。

图 29.2-6　专人操作，严禁擅自离岗

4）防脱装置就位可靠。未连接可靠，严禁油缸动作，如图 29.2-7 所示。

图 29.2-7　防脱装置就位可靠，未可靠连接严禁油缸动作

5）换步作业换步支撑可靠，严禁私自限制，如图 29.2-8 所示。

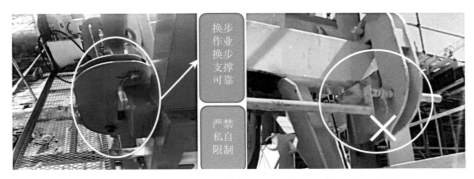

图 29.2-8　换步作业换步支撑可靠，严禁私自限制

29.2.3　机械管控

目前塔式起重机所使用的力矩限制器大部分为弓板式力矩限制器。工作原理为起重臂在吊装过程中导致塔帽主弦杆微变形，微变形通过力矩限制器的弓形钢板进行放大，致使限位开关和调节螺杆发生触碰。最终对起升机构和变幅机构进行限制动作。工作原理如图 29.2-9 所示。

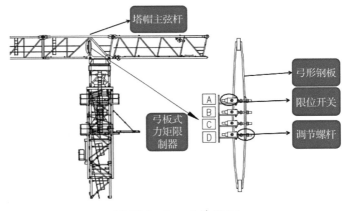

图 29.2-9　工作原理

常见的力矩限制器失效形式有：

1）力矩限制器弓形板卡塞异物，私自限制弓形板的变形。

2）力矩触点缺失，停止、减速、报警限制触点不齐全。

3）控制电缆老化或龟裂，导致触点接触后信号无法传输。

4）触点偏移，无法保证触点和调节螺杆发生触碰。

5）力矩调节螺母松动，触点和调节螺杆发生触碰时，调节螺杆发生横向移动，触点无法触发，出现失效。

6）间距不符合要求或各触点与调节螺杆间隙相差太大。

7）司机操作吊钩猛起猛落，也会造成力矩限制器的失效。如果猛起猛落使弓形板瞬间发生较大形变，可能撞坏力矩限制器的触点，导致失效。

8）斜拉斜吊也会造成力矩限制器失效。

9）塔式起重机垂直度偏差过大会导致塔式起重机的重心发生偏移，重心发生偏移就会导致变幅幅度增长，从而导致塔式起重机的倾覆力矩和稳定力矩发生改变，使力矩限制器失效。

常见的力矩失效形式如图 29.2-10 所示。

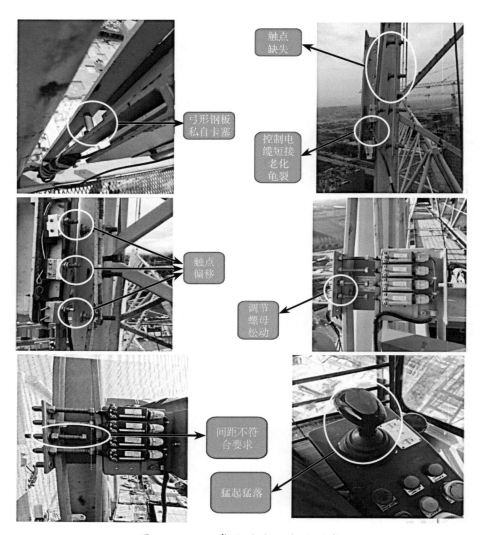

图 29.2-10　常见的力矩失效形式

第 **30** 讲 塔式起重机技术质量控制管理

30.1 塔式起重机选型定位技术质量控制管理

30.1.1 现场的覆盖要求

塔式起重机作为施工现场垂直运输常用机械，对比汽车起重机等起重机械应考虑的是现场的覆盖要求，不仅仅是覆盖建筑物主体，还要考虑地下车库、材料堆场、施工道路等，尽量减少现场盲区。布置在建筑物中点，可以获得较小的臂长来覆盖整个建筑物以及地下车库。

30.1.2 起重量要求

在满足现场的覆盖要求后要考虑起重量要求，除去钢筋、木方、模板等建筑常用材料，绿色施工预制构件及钢结构构件在建筑施工中逐渐增多，应着重考虑。

30.1.3 起升高度要求

塔式起重机最终起升高度一般由建筑物高度、安全生产高度、吊物高度、吊索具高度组成，起升高度还应考虑塔式起重机群塔施工作业要求。塔式起重机起升高度组成如图 30.1-1 所示。

30.1.4 塔式起重机群塔作业要求

群塔方案与塔式起重机的选型定位密切相关，如果项目出现"一打多"的现象，塔式起重机的选型定位要考虑群塔的影响，提前策划，进行群塔模拟。

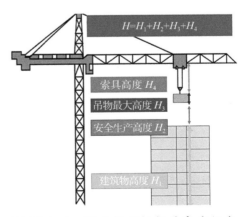

图 30.1-1 塔式起重机起升高度组成

30.1.5　塔式起重机基础设置要求

（1）基础设置，应保证塔式起重机塔身可以避开建筑的柱、梁、人防、集水井等相关结构。基础设置若设置在边坡上（基础临边时），应满足《塔式起重机混凝土基础工程技术标准》JGJ/T 187—2019 的规定。

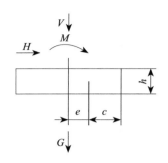

（2）现场根据地基承载力大小选择基础的大小及形式，常用的基础形式有天然基础、桩基础、组合式基础。可根据《塔式起重机设计规范》GB/T 13752—2017、《塔式起重机混凝土基础工程技术标准》JGJ/T 187—2019 选择基础形式并进行相关计算。以天然基础为例，核心计算如下：

塔式起重机受力图如图 30.1-2 所示。

（1）计算偏心距：

$$e = \frac{M + H \times h}{V + G} \leqslant \frac{L}{4} \qquad （30.1\text{-}1）$$

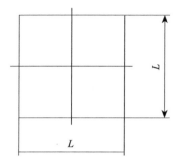

图 30.1-2　塔式起重机
受力图

式中　M——作用在基础上的弯矩；

　　　H——作用在基础上的水平载荷；

　　　V——作用在基础上的垂直载荷；

　　　G——基础的自重；

　　　h——基础高度；

　　　L——基础底面边长。

（2）计算地基承载力：

$$\sigma_{\mathrm{B}} = \frac{2 \times (V + G)}{3Lc} \leqslant \sigma_{\mathrm{BP}}; \ c = \frac{L}{2} - e \qquad （30.1\text{-}2）$$

式中　σ_{BP}——地面许用压应力；

　　　c——合力作用点至基础底面最大压力边缘的距离。

30.1.6　塔式起重机附着要求

附着拉杆通常附着于结构强度较大的剪力墙或框架柱上，附着拉杆尽量满足说明书上的长度尺寸与附着角度，处于长度和角度范围的附着拉杆受力较小。在保证塔式起重机可以正常降塔拆除的情况下，塔式起重机应靠近建筑物进行附着。

一台塔式起重机用于多个建筑施工的，基础位置安排在高建筑物上，保证自由端高度能够完成其余建筑物施工，且保证塔式起重机 360° 随风转动，不受建筑物或周围塔式起重机阻挡。

30.1.7 便于安装与拆卸

通常塔式起重机前期安装时场地较为空旷，塔式起重机安装较为方便，当塔式起重机报停拆除时，如果前期未进行规划，极有可能造成后期拆除困难，需使用大吨位汽车起重机进行拆除，会造成一定的安全隐患，塔式起重机选型定位时就应考虑塔式起重机的安装与拆除问题，需提前进行策划。

30.2 塔式起重机安拆技术质量控制管理

30.2.1 安拆方案的编制与审批

塔式起重机安拆作业前，需编制安拆专项施工方案，并经由施工单位和监理单位审核，根据《危险性较大的分部分项工程安全管理规定》（住房城乡建设部令第 37 号），对超过一定规模的危险性较大的分部分项工程，施工单位应当组织召开专家论证会对专项施工方案进行论证。

30.2.2 基础制作

（1）基础的制作应严格按照说明书的相关要求，基础预埋件的埋深和外露的高度应符合说明书的要求，基础的水平度要严格控制，因为水平度会直接影响到垂直度，保证基础四角水平度不超过 ±1mm。

（2）基础钢筋应按照说明书或基础方案配筋图进行设置，规格不得变小，数量不得减少，上层钢筋在预埋脚柱附近允许避让但不得切断，钢筋不允许进行焊接。

（3）基础混凝土强度等级不得小于 C35，浇筑基础混凝土时，应从塔式起重机基础正中心向四方浇筑，不得只在一个方向上浇筑，以防止混凝土对预埋脚柱进行冲击，动摇调节好的水平度。

（4）基础施工及施工完毕后，基础周围不得进行桩基施工、强夯施工、土方开挖、重车行走等易造成基础沉降的施工作业。

（5）基础混凝土强度达到设计强度的 80% 可以安装，达到 100% 可以使用。

30.2.3　安拆过程中技术质量控制

（1）塔式起重机在安装过程中应严格按照说明书和方案进行施工，因为厂家不同，即使相同型号，不同批次塔式起重机的塔身组成、安装工艺也有不同之处。塔式起重机平衡重的不同组合和组合顺序、塔式起重机非常规的塔身组合（特别是相关塔式起重机的加强节，一定不要漏装或者安装错误）、非常规的安拆流程等特殊之处需进行方案或者交底告知说明，避免造成安全事故。

（2）塔式起重机需使用辅助机械进行安拆作业，常用辅助机械为流动汽车起重机，根据现场实际情况选择汽车起重机的大小，复核汽车起重机的臂长、工作半径、起重量，同时汽车起重机与塔式起重机基础的相对位置关系以及与建筑物的相对位置关系，应在图纸上进行模拟，保证其可行性。塔式起重机拆除时与汽车起重机模拟工况图如图 30.2-1 所示。

塔式起重机拆除时，若汽车起重机要在车库顶板进行拆除，需提前对车库顶板承载力进行验算，对车库顶板进行加固，满足汽车起重机对车库承载力的要求。

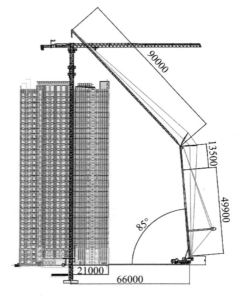

图 30.2-1　塔式起重机拆除时与
汽车起重机模拟工况图

30.3　塔式起重机使用过程中技术质量控制管理

30.3.1　塔式起重机群塔作业的技术质量控制

群塔作业是塔式起重机使用过程中比较重要的一个部分，最好的群塔作业方案是不受项目施工进度所影响。复核基础的标高，在图纸上进行模拟，保证各塔式起重机在每一阶段垂直距离和水平间距离都满足要求。

华东、华南等沿海区域每年 6 月 1 日到 10 月 31 日为台风防御期，塔式起重机的独立高度和附着后悬高度要按照当地规范及厂家不同区域的防台风说明执行。

30.3.2　塔式起重机行业标准对塔式起重机附着装置的规定

为保证附着装置的安全性，《建筑施工塔式起重机安装、使用、拆卸安全技术规程》JGJ 196—2010 对塔式起重机附着装置的设计、制作有如下规定：

（1）当塔式起重机作附着使用时，附着装置的设置和自由端高度等应符合使用说明书的规定。

（2）当附着水平距离、附着间距等不满足使用说明书要求时，应进行设计计算、绘制制作图和编写相关说明。

（3）附着装置的构件和预埋件应由原制造厂家或由具有相应能力的企业制作。

（4）附着装置设计时，应对支撑处的建筑主体结构进行验算。

30.3.3　附着装置的相关计算

各项目塔式起重机的附着角度和附着距离不尽相同，各厂家的塔式起重机使用说明书中对附着装置的描述较为单一与固定，无法适应现场的使用环境，目前大多数租赁单位无专业的技术人员，附着装置的使用参差不齐，安全状况堪忧。

附着装置要对附着拉杆、附墙座进行相关计算，对附墙装置的刚度、强度、稳定性进行计算，确保附着装置的安全可靠。

30.3.4　塔式起重机部件磨损报废标准

塔式起重机各部件在使用过程中对各部件进行质量控制，各部件出现开焊、开裂、磨损严重时要及时进行处理。

（1）塔式起重机的主要承载结构件由于腐蚀或磨损而使结构的计算应力提高，当超过原计算应力的 15% 时应予报废。对无计算条件的当腐蚀深度达原厚度的 10% 时应予报废。

（2）塔式起重机的主要承载结构件，如塔身、起重臂等，失去整体稳定性时应报废。如局部有损坏并可修复的，则修复后不应低于原结构的承载能力。

（3）塔式起重机的结构件及焊缝出现裂纹时，应根据受力和裂纹情况采取加强或重新施焊等措施，并在使用中定期观察其发展。对无法消除裂纹影响的应予以报废。

（4）吊钩、钢丝绳、卷筒、滑轮、制动器等易磨损部件定期进行检查，发现超过磨损标准应予以报废及时更换。

30.4 技术质量控制管理与安全管理

30.4.1 对质量事故进行分级管理

塔式起重机质量事故分级标准如表 30.4-1 所示。

塔式起重机质量事故分级标准　　　　　表 30.4-1

一级	二级	三级
因技术原因造成塔式起重机倾覆及人员伤亡事故	群塔交叉结构碰撞（未进行书面交底）造成结构变形导致塔式起重机无法正常使用的事故	基础预埋不符合要求
因技术原因造成辅助机械倾覆及人员伤亡事故	附着结构件拉断	基础水平偏差超过 4mm
塔式起重机安拆吊索具未校核造成断裂的事故	方案及技术交底原因造成塔式起重机连接部位安装错误	基础临边不满足安全技术要求
—	起重臂顶升方向安装错误	基础产生明显的不均匀沉降
—	策划不到位塔式起重机定位错误造成安拆不便	附着墙体开裂需进行加固处理
—	策划不到位塔式起重机定位错误，塔式起重机起重臂与塔身互相交叉	垂直度偏差超规范要求
—	汽车起重机支车位置未校核产生沉降	塔式起重机结构件焊缝有缺陷
—	基础设计错误	塔式起重机覆盖高压线且高压线未防护
—	塔式起重机安拆施工方案工序错误	因技术策划不合理造成现场施工安全风险较大

30.4.2 编制技术质量控制点报表

每月编制技术质量控制点报表，由现场的机械管理员对塔式起重机的垂直度、各部件的完整性、群塔作业情况等汇总上报，对塔式起重机的质量控制点监控管理。

30.4.3 质量安全管理

（1）质量安全管理要保证全民参与，上至总经理，下至一线职工。
（2）不仅要从技术方面，还要从管理方面下功夫。
（3）严格遵守规章制度和操作规程。
（4）质量和安全"手拉手"工作。

第**31**讲 塔式起重机顶升管控要点

近年来，随着城市建设的发展及高层建筑物的增加，塔式起重机的使用数量明显增多，与其相关的安全生产事故数量也不断增加，建筑施工机械设备事故已成为影响当前安全生产的重要因素，作为安全管理人员务必引起高度重视，深刻吸取事故教训，梳理机械设备安全管理漏洞短板，提升机械设备安全管理水平，防范化解机械设备事故安全风险，遏制事故发生。

31.1　塔式起重机顶升过程流程化管理

31.1.1　方案的编制

按照安全技术标准及建筑起重机械性能要求，编制建筑起重机械安装、拆卸、附着加节专项施工方案，并由技术负责人审核签字确认，逐级报审，严格按照《危险性较大的分部分项工程安全管理规定》（住房城乡建设部令第 37 号）及《危险性较大的分部分项工程专项施工方案编制指南》（建办质〔2021〕48 号）相关要求进行编制审核审批及交底，安装、拆卸、附着加节作业严格按照方案编

图 31.1-1　方案交底

制内容实施，切实做到无方案或方案无指导不进行施工作业。方案交底如图 31.1-1 所示。

31.1.2　作业条件核查

核验设备顶升作业的先决条件是否满足，相关验收是否完成，附着顶升的方案是否经过审核，安全技术交底是否完成，安拆单位资质是否符合，安拆单位安全管理人员和

技术人员是否到位,施工作业人员资格是否符合要求,安装时的作业环境是否满足作业条件等。

31.1.3 零部件进场验收

《房屋市政工程生产安全重大事故隐患判定标准(2022版)》第八条规定:起重机械安装、拆卸、顶升加节以及附着前未对结构件、顶升机构和附着装置以及高强度螺栓、销轴、定位板等连接件及安全装置进行检查的,判定为重大事故隐患。因此,顶升前务必对进场的标准节、附着装置等零部件进行验收。

31.1.4 旁站监督

安拆单位安全员、技术员及项目部安全员(机管员)在顶升作业过程中必须全过程值守,旁站监督人员佩戴执法记录仪,旁站过程中重点关注作业过程是否与方案一致,作业人员是否存在违章行为、劳动防护用品是否穿戴整齐、现场警戒是否到位,有无交叉施工情况、作业暂停是否采取可靠措施等。旁站监督如图31.1-2所示,现场警戒如图31.1-3所示。

图 31.1-2　旁站监督　　　　　　图 31.1-3　现场警戒

31.1.5 自检及联合验收

附着顶升完成后,安拆单位必须进行自检,出具自检合格证明,并与项目办理设备移交手续。附着顶升自检合格后由总承包单位组织租赁单位、安拆单位、使用单位、监理单位开展联合验收,且应在机械设备显著位置设置验收公示牌,参加验收的相关人员需本人签字履职,并填写验收记录。

31.2 塔式起重机顶升作业流程及倒塌事故树图

塔式起重机顶升作业流程图如图 31.2-1 所示

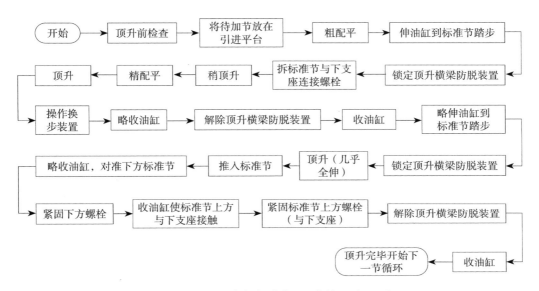

图 31.2-1 塔式起重机顶升作业流程图

顶升过程中塔式起重机倒塌事故树图如图 31.2-2 所示

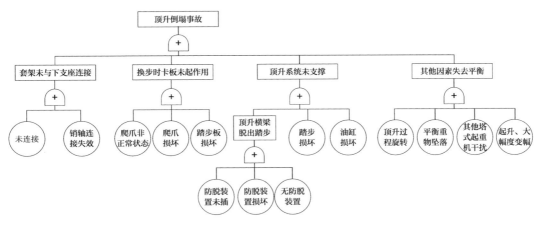

图 31.2-2 顶升过程塔式起重机倒塌事故树图

31.3 顶升过程易发生事故的环节

31.3.1 未正确使用顶升横梁防脱装置

顶升横梁防脱装置的主要作用是防止顶升横梁非主动地从顶升踏步中脱出，顶升过程中，塔式起重机上部所有的重量都在顶升横梁及标准节踏步上面，若顶升横梁从踏步中脱出，将会造成塔式起重机上部失去平衡，整体倾覆，因此顶升过程中顶升横梁端部防脱保险应锁定完好，否则严禁伸出液压油缸。顶升横梁防脱装置的主要形式如图 31.3-1 所示。

图 31.3-1　顶升横梁防脱装置的主要形式

31.3.2 未正确放置换步装置盲目顶升

塔式起重机在顶升收油缸的过程中，其上部所有的重量都集中于套架换步装置及标准节踏步上，如果作业人员不能确定换步装置的状态盲目操作油缸，将会造成塔式起重机整体倾覆，因此，顶升换步作业时，应将两侧的换步卡板正确放置在标准节踏步上，确认完好无误，否则严禁收缩液压油缸。放置换步装置如图 31.3-2 所示。

图 31.3-2　放置换步装置

31.3.3　标准节与回转下支座未可靠连接

顶升过程中，若塔式起重机仅靠套架与回转相连是极不可靠的，因为套架在顶升方向一侧是开口的，缺少大量腹杆，其抗扭强度及抗扭刚度将会大幅度削弱，在标准节与回转下支座未可靠连接的情况下，若大幅度地进行起升、回转、变幅等动作，极易造成塔式起重机上部部件失去平衡，导致塔式起重机倾翻，因此若要连续加节，则每加完1节后，用塔式起重机自身起吊下一节标准节前，塔身各主弦杆和下支座应可靠连接。

31.3.4　套架与下支座未可靠连接

顶升加节前，未对顶升套架与下支座是否可靠连接进行检查，在套架与下支座未可靠连接的情况下，盲目拆除下支座与标准节的连接螺栓后，导致塔式起重机上部结构整体失稳、倒塌。下支座与套架销轴连接如图31.3-3所示。

31.3.5　违规安装非原制造厂制造的标准节

违规使用非原厂标准节会造成与原厂标准节工装不匹配，在顶升过程中会造成套架滚轮间隙过大或卡滞的情况，还会造成顶升横梁防脱保险无法正常使用，增加了安拆、顶升发生事故的风险；同样在使用

图 31.3-3　下支座与套架
销轴连接

过程中非原厂标准节受力情况复杂，极易发生事故，因此标准节安装前应对照每节铭牌上的编码判断是否为同一厂家的同一型号、同一批次。不同厂家标准节可能材质不同，结构形式也有所区别，受力状态不统一，不应混装使用。

高处作业与施工
现场临时用电篇

第**32**讲 安全防护御高处作业之"寒"

32.1 高处作业的普遍性及危害性

32.1.1 高处作业的普遍性

一个项目开始，无论工程规模大小，工期长短，高处作业贯穿每个施工项目的全生命周期。从基坑阶段的土方开挖、基坑支护，到主体阶段施工作业的钢筋、模板、混凝土，再到装饰装修阶段的各种工序穿插作业，以及后期的运维阶段，高处作业存在于整个工程施工过程。高处作业的种类多种多样，如临边作业、洞口作业、悬空作业、攀登作业、交叉作业等。高处作业现场如图 32.1-1 所示。

图 32.1-1 高处作业现场

32.1.2 高处作业的危险性

2021 年，全国房屋市政工程生产事故中，高处坠落事故 383 起，占全年总数的 52.2%，近年来所发生在建筑业"三大伤害"（高处坠落、坍塌、物体打击）事故中，高处坠落事故的发生率最高、危险性极大。高处坠落所造成的伤害轻则残疾，重则瘫痪，更严重者甚至失去宝贵的生命。

32.2　安全防护的重要性

我们通过一个案例了解一下安全防护的重要性。

2021 年 7 月 23 日，深圳市某建筑项目，工人在事发铁皮房（图 32.2-1）房顶拆除铁皮时不慎踩破采光瓦坠落至地面受伤，被踩破的采光瓦如图 32.2-2 所示，经抢救无效死亡。事故原因：屋顶铁皮拆除作业前，工人使用剪叉式升降平台到达屋顶，未按规定将安全带系挂在生命线上，站在屋顶对顶棚进行查看时，不慎踩破采光瓦坠落至地面，导致事故发生。

图 32.2-1　事发铁皮房　　　　　　图 32.2-2　被踩破的采光瓦

高处作业作为现场作业活动的一种，所从事作业的必要性无法改变，自身的危险性也无法避免，但是防患于未然，有效的安全防护是避免高处坠落事故发生的关键，也是保证高处作业过程中人员安全的重要手段。

32.3　高处作业安全防护

32.3.1　高处作业安全防护设施

高处作业存在不同的作业形式，根据不同的作业形式和作业环境，我们需要设置不同的安全防护设施，来保证高处作业过程的安全。

安全防护设施设置的首要条件是保证作业人员的安全，满足规范要求，设置醒目、美观，满足施工现场安全生产和标准化建设的需要。以下是施工现场最常见的安全防护设施及其设置要求、标准：

（1）防护栏杆

防护栏杆作为高处作业过程中最常见的防护形式，在建筑施工过程中应用频次高且较为广泛，多采用钢管扣件搭设或定型化的防护形式。防护栏杆应由横杆、立杆及不低于 180mm 高的挡脚板组成，防护栏杆应为两道横杆，上杆距地面高度应为 1.2m，下杆应在上杆和挡脚板中间设置。当防护栏杆高度大于 1.2m 时，应增设横杆，横杆间距不应大于 600mm；防护栏杆立杆间距不应大于 2m，防护栏杆应张挂密目式安全立网。

（2）安全防护棚

安全防护棚（图 32.3-1）设置在在建工程地面入口处和施工现场施工人员流动密集的通道上方，防止因落物产生的物体打击事故。顶部材料可采用 5cm 厚木板或相当强度的其他材料，设置双层防护，通道两侧应封闭严密。出入口处安全防护棚的长度应视建筑物的高度而定，符合坠落半径的尺寸要求。

图 32.3-1　安全防护棚

（3）洞口防护

施工现场洞口分为水平洞口和竖向洞口，根据不同的洞口形式及尺寸大小设置不同的防护设施。

短边边长小于 500mm 的洞口（图 32.3-2）可用竹、木等材料做盖板盖住洞口。盖板须能保持四周搁置平衡，并有固定其位置的措施。

短边边长为 500～1500mm 的洞口（图 32.3-3），应设置以钢管及扣件组合而成的钢管网格，网格间距不得大于 250mm，也可以采用贯穿于混凝土板内的钢筋组成防护网，网格间距不得大于 200mm，并在上面满铺竹笆或脚手板。

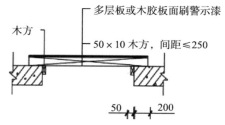

图 32.3-2　短边边长小于 500mm 的洞口

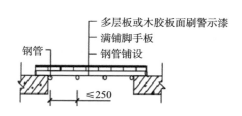

图 32.3-3　短边边长 500～1500mm 的洞口

短边边长大于 1500mm 的洞口，应设置标准化防护栏杆，主体施工阶段，利用钢管扣件在洞口四周搭设井字形平台，平台上铺设硬质材料封闭。主体施工阶段预留洞口防护示意图如图 32.3-4 所示。安装及装修施工阶段，洞口采用水平安全网封闭，防护栏杆距洞口边不得小于 200mm，栏杆表面刷红白油漆警示，防护栏杆外侧满挂密目安全网，外侧悬挂提示牌。

电梯井（管道井）口安装不低于 1500mm 高的工具式防护门。防护门底部安装 200mm 高踢脚板。防护门和踢脚板刷红白相间警戒色。管道井口处必须设置固定式防护门，门的高度不得低于 1500mm，竖向钢筋间距不得大于 110mm。防护门固定方式可采用可旋转式。电梯井口防护如图 32.3-5 所示。

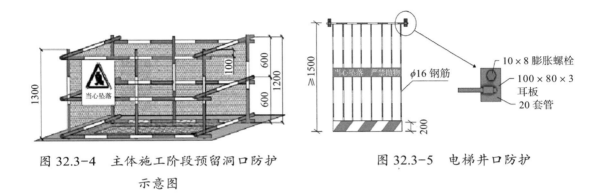

图 32.3-4　主体施工阶段预留洞口防护示意图　　　　图 32.3-5　电梯井口防护

电梯井内水平防护，采用在井口洞内每隔一层（10m）用钢丝绳拉结，上面兜挂安全水平网进行防护，电梯井内水平软防护平面图如图 32.3-6 所示；硬性隔离为每层用钢管搭设防护平台铺设脚手板（主体施工时应预留洞口），电梯井水平硬防护立面图如图 32.3-7 所示。电梯井的工字钢与外架在同一楼层进行搭设，并适当采取卸荷措施。采用模板进行全封闭防护时，应逐层设置；采用安全平网封闭防护时，应最多 10m 设一道安全平网。

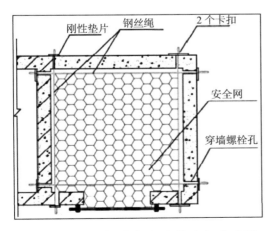

图 32.3-6　电梯井内水平软防护平面图

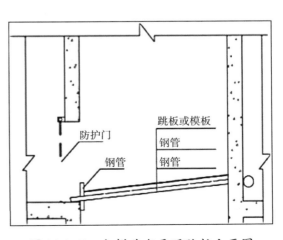

图 32.3-7　电梯井水平硬防护立面图

32.3.2 高处作业个体防护设施

（1）安全帽

安全帽（图 32.3-8）作为施工作业人员必不可少的安全防护用品，是保护个人生命安全的第一道防线。安全帽的外壳、帽衬、帽带必须齐全有效，禁止私自拆除任何构件。安全帽应戴紧、戴正，帽带应系在下颏上并系紧。佩戴的安全帽必须有合格证及检测报告。安全帽禁止挪作他用。

（2）安全带

安全带（图 32.3-9）的正确使用方法：首先从肩带处提起安全带，然后将安全带穿在肩部，将胸部纽扣扣好，再系好左右腿带或扣索，最后合理地调节腿带和肩带即可。高处作业必须系挂好安全带。而且安全带要拴挂在牢固的构件或物体上，要防止摆动或碰撞，绳子不能打结使用，钩子要挂在连接环上，最重要的是安全带一定要定期检查。

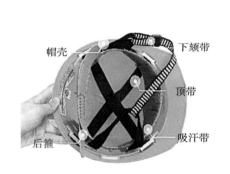

图 32.3-8　安全帽

图 32.3-9　安全带

（3）生命绳

生命绳材质可以选用钢丝绳，也可以选用麻绳，根据需要选用。生命绳选用材质要考虑生命线是水平设置还是垂直设置（吊篮作业），材料的抗拉强度满足要求。原则是一人一道，尽量减少多人共用一道生命线的情况。生命线应设置在主体结构上，要能够起到防止高处坠落的效果，过梁柱位置要采取柔性保护，防止棱角将生命线破坏。

第 **33** 讲 守住施工现场临时用电"安全红线"

33.1 临时用电事故类型及分析

临时用电事故类型主要是触电伤害和电气火灾，极易造成人员伤亡和财产损失。

33.1.1 触电事故

从大量事故案例来看，建筑施工的触电事故主要有三类：一是施工人员触碰电线或电缆线；二是建筑机械设备漏电；三是高压防护不当而造成触电。一般情况下，触电事故属于个体事故，不容易引起群死或群伤，从而被相关用电人员忽视。

33.1.2 电气火灾事故

电气火灾是由于电路或用电设备短路、超负荷、接触不良、漏电等产生的火花遇到可燃物引起的火灾。电气火灾事故不仅会引起剧烈燃烧，而且达到爆炸条件造成的爆炸所带来的二次伤害更加可怕，容易造成大规模的群死群伤及重大财产损失。2021 年某市重大火灾事故，由于装饰施工人员使用气割枪在施工现场违法进行金属切割作业，切割产生的高温金属熔渣引燃废弃物品造成重大火灾，是一场典型的电气火灾事故。

33.2 建筑工程施工现场临时用电系统

33.2.1 临时用电系统构成

《施工现场临时用电安全技术规范》JGJ 46—2005 规定，建筑施工现场临时用电工程专用的电源中性点直接接地的 220/380V 三相四线制低压电力系统，必须符合采用三级配电系统（图 33.2-1）、TN-S 接零保护系统（图 33.2-2）。即采用"三级配电两级保护"原则，这是整个建筑施工临时用电行业标准的核心内容。

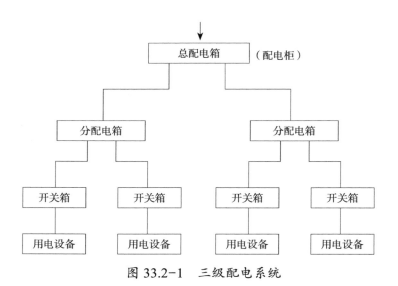

图 33.2-1　三级配电系统

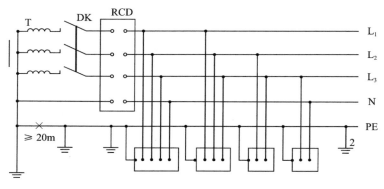

图 33.2-2　TN-S 接零保护系统

　　建筑工程施工现场临时用电系统实质包含电源系统（变压器、发电机）、配电装置（各类电箱、隔离开关、熔断器或断路器、漏电保护器、电气仪表等）、配电线路等几大部分。电源系统的作用是提供电力能源；配电装置的作用是安全保护、监控、计量；配电线路的作用是输送电力能源。

33.2.2　临时用电系统运行机制

　　（1）方案编制

　　《施工现场临时用电安全技术规范》JGJ 46—2005 规定，施工现场临时用电设备在 5 台及以上或设备总容量在 50kW 及以上时，应编制用电组织设计。

根据规范要求用电组织设计应由电气工程师组织编制，经相关部门审核及具有法人资格企业的技术负责人批准后实施。

（2）用电组织设计

施工现场用电组织设计除包括负荷计算、线路走向设计、导线选择外，还必须绘制用电工程图纸（主要包括：用电工程总平面图、配电装置布置图、配电系统接线图、接地装置设计图）、确定防护措施、制定安全用电措施和电气防火措施等。

（3）日常运行与维护

安装、维修或拆除临时用电工程必须由专业电工完成，电工必须持证上岗，作业时必须遵守本工种的安全技术操作规程。

日常工作时，电工要对漏电保护器每周至少检测一次，对接地电阻、绝缘电阻至少每月检测一次，并有书面验收记录，临时用电验收表如图 33.2-3 所示、临时用电日检查记录如图 33.2-4 所示。

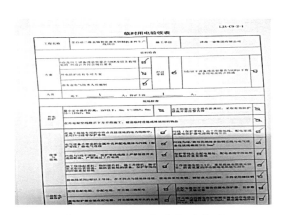

图 33.2-3　临时用电验收表

图 33.2-4　临时用电日检查记录

33.3　施工现场临时用电安全管理现状及对策

33.3.1　存在的主要安全隐患分析

（1）管理措施不到位

国家制定了《施工现场临时用电安全技术规范》JGJ 46—2005 以保证施工用电安全，但仍有一些施工单位为了赢取更多的利益而铤而走险，不认真按施工现场临电施工组织设计方案执行，对用电安全持漠视态度，使得临时用电事故频发。

（2）专用保护零线未发挥作用

《施工现场临时用电安全技术规范》JGJ 46—2005 规定，在施工现场专用变压器的供电的 TN-S 接零保护系统中，电气设备的金属外壳必须与保护零线连接。

但是，一些随用随撤的移动式用电设备和手持式的电动工具，不是电源一侧没有与配电箱端子连接，就是设备一侧没有与设备外壳连接，这种情况极易造成安全事故。

（3）电线电缆拖地敷设

《施工现场临时用电安全技术规范》JGJ 46—2005 规定，电缆线路应采用埋地或架空敷设，严禁沿地面明设，从总配电箱到分配电箱再到主要大型设备开关箱均必须使用五芯电缆，电缆线必须穿管埋地，埋地深度不应小于 0.7m，并在上、下、左、右侧均匀敷设不小于 50mm 厚的细砂，然后覆盖砖或混凝土板等硬质保护层，埋地敷设如图 33.3-1 所示。无法穿管埋地敷设时，必须按要求将线路架空（图 33.3-2）。

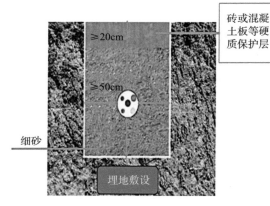

图 33.3-1　埋地敷设

图 33.3-2　线路架空

而实际上，施工现场电缆拖地的现象随处可见，尤其是工程装修阶段，一些电动工具经常使用塑料软线拖地敷设（图 33.3-3），加之现场地面潮湿，日晒雨淋，任凭人踩车压，漏电、触电事故时有发生。

（4）一个开关多路接线

《施工现场临时用电安全技术规范》JGJ 46—2005 规定"一机一闸一漏一箱"，一个开关只能控制一台用电设备。但施工现场的配电箱经常出现一个开关下接多台用电

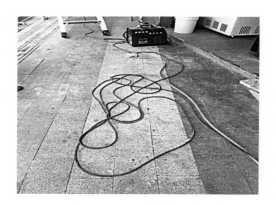

图 33.3-3　拖地敷设

设备的现象，手持式电动工具"多机"接"一闸"的现象尤为严重。每台用电设备前端的开关是根据这台设备的额定容量额定电源来选择的。"多机"接"一闸"的主要弊病是"多机"中的设备有的运行，有的停机，对运行的设备，"一闸"无法对它们起短路、

过电流等保护作用，影响保护效果的同时，一台设备由于故障引起开关动作，影响其他设备的正常运行。

（5）漏电保护装置形同虚设

漏电保护装置是在发生漏电、触电事故的情况下，能够迅速切断电源，起着保护人身和设备安全的作用。然而，许多施工现场却没有按照要求设置，经常出现脱扣失灵，维修人员疏于检查，未对设备进行定期的检查、试跳、送检和试验，该修未修，该换未换，是非常危险的。一个遇到漏电、触电不会跳闸的漏电保护装置，形同虚设。

33.3.2 施工现场临时用电安全管理措施

施工现场临时用电管理可从以下几个方面展开：

（1）完善临时用电管理制度

符合国家以及电力行业的各项标准与规定是建筑施工电力管理工作的重要基础。具体规定如下：①成立临时用电管理机构，落实工作职责，管理人员的工作能力和专业水平应符合项目需求；②定期检查个人防护设备，确保防护设备的性能完好，作业操作应符合相关技术要求；③进行施工现场的电力安装、调试、维护、拆除等操作，需有专业的电气技术人员旁站监督；④加强工程现场的监督力度，确保施工现场的临时供电采用三相五线配电系统，并使用两级漏电保护装置；⑤用电设备的维修应确保电源处于断电的状态，由专业技术人员负责电力测试工作；⑥严禁使用铜丝、铝丝替代引线；⑦工程技术人员应定期或不定期对工程施工现场进行检查，及时处理用电安全隐患，如实填写临时用电检查记录。

（2）建立临时用电管理档案

建立和完善临时用电管理档案，妥善保存施工现场的临时用电施工组织设计和相关的审核文件。施工现场临时用电安装前及使用操作时，必须由现场专业技术负责人对操作人员进行书面性安全技术交底，经验收合格后投入使用，并有交底和验收记录。

电工必须每天巡视，做好电工巡视维修记录（记录包括：安装、巡检、维修、拆除等）。漏保、接地电阻值和绝缘电阻值必须实测，并详细的记录。

（3）遵循安全临时用电的"12345"基本法则

"1"即一根生命线（PE线），PE线作为漏电电流的通路，是施工现场临时用电人员安全的重要保障，也是TN-S系统的核心，没有PE线的保护，或者PE线发生故障，就会极大地增加触电风险；"2"即二级漏电保护，总电箱、开关箱内的漏电保护装置与PE线是一对不可或缺的设备，两者共同作用，保护用电人员的安全；"3"即三级配电，线路层次清晰，便于检查维修，一旦发生故障可不影响其他分路继续运行；"4"即四大保护功能，隔离开关的电源隔离分段保护、熔断器或断路器的过载和短路保护、漏电保护器的漏电保护，通过各级不同的配电装置分别实现这 4 个功能，也就能体现临时用电系统的安全保护核心；"5"即施工用电需采用五芯电缆。施工现场临时用电的"12345"基本法则是整个临时用电系统的内核，必须严格遵循。

（4）做好施工现场临时用电的外电防护

外电防护一般是指线路通信、变压器、在建工程附近高压线路和无法改制的低压线路的防护。若附近的高低压线路与建筑工程、变压器不在规定距离内，需及时采取应对措施，同时还要放置醒目标志以达到提醒的作用。外电防护一方面需要确保防护的严密性和封闭性，另一方面也需做好相关的安全防范措施，防止发生触电、碰撞、损坏以及绝缘漏电等情况。《施工现场临时用电安全技术规范》JGJ 46—2005 规定，电气技术人员应根据具体情况制定科学的外电防护措施，任何形式的架设措施都必须得到相关部门的审核和批准。

附 录 2022 年济南市首届建筑施工安全讲师大赛获奖讲师及成果

刘琛鑫

所在单位：中建八局第一建设有限公司
题　目：安全管理的思路与"误区"
分　类：安全管理类

常　晗

所在单位：中建八局第一建设有限公司
题　目：如何做好施工现场危险作业
　　　　审批管理
分　类：安全管理类

董　望

所在单位：中建八局第一建设有限公司
题　目：一堂课告别双体系小白——
　　　　双体系基础讲解及实际应用
分　类：安全管理类

陈小玮

所在单位：中建八局第一建设有限公司
题　目：关于汽车起重机的那些事
分　类：安全管理类

侯永胜

所在单位：中建八局第四建设有限公司
题　目：安全资料那些事儿
分　类：安全管理类

郝习平

所在单位：济南四建集团机械设备有限
　　　　责任公司
题　目：起重吊装作业安全知识
分　类：安全管理类

郭 淼

所在单位： 中建八局发展建设有限公司

题　　目： 深化安全教育 夯实安全基础

分　　类： 安全管理类

徐叶叶

所在单位： 中国二十二冶集团有限公司

题　　目： 全面落实企业安全生产主体责任

分　　类： 安全管理类

李洋洋

所在单位： 济南一建集团有限公司

题　　目： 安全管理资料的分类管理

分　　类： 安全管理类

冯明星

所在单位： 瑞森新建筑有限公司

题　　目： 安全管理法则和智能化安全管理

分　　类： 安全管理类

张学平

所在单位： 中国建筑一局（集团）有限公司

题　　目： 双重预防体系的应用与落实

分　　类： 安全管理类

冯兴利

所在单位： 中建八局发展建设有限公司

题　　目： 消除事故隐患 筑牢安全防线

分　　类： 安全管理类

王　鹏
所在单位：山东省建设监理咨询有限
公司
题　　目：智慧工地赋能安全生产管理
分　　类：安全管理类

张　勇
所在单位：中国二十二冶集团有限公司
题　　目：珍视生命从我做起
分　　类：安全管理类

曲宗代
所在单位：济南铸诚建筑工程集团有限
公司
题　　目：提高安全意识　减少安全
事故
分　　类：安全管理类

张　威
所在单位：山东汇友市政园林集团有限
公司
题　　目：国槐栽植全过程安全管理
分　　类：安全管理类

李永波
所在单位：济南舜联建设集团有限公司
题　　目：强化二次结构班组安全教育
分　　类：安全管理类

郭　亮
所在单位：济南长兴集团有限责任公司
题　　目：建筑施工双重预防体系应用
分　　类：安全管理类

李长群

所在单位：中建八局发展建设有限公司

题　　目：三步提升安全员管控水平

分　　类：安全管理类

刘相田

所在单位：中国建筑一局（集团）有限
　　　　　公司

题　　目：强化安全生产意识　提高
　　　　　全员安全责任

分　　类：安全管理类

刘月光

所在单位：中建安装集团有限公司

题　　目：一堂课读懂安全文化

分　　类：安全管理类

王红刚

所在单位：中国二十二冶集团山东公司

题　　目：新《安全生产法》

分　　类：安全管理类

马　丁

所在单位：山东省建设监理咨询有限
　　　　　公司

题　　目：安全管理的监理

分　　类：安全管理类

吕大伟

所在单位：山东三箭建设工程管理有限
　　　　　公司

题　　目：尽职免责　规避风险

分　　类：安全管理类

李正天

所在单位：中建八局发展建设有限公司
济南分公司

题　　目：让安全管理防患于未然

分　　类：安全管理类

陆　顺

所在单位：中铁建工集团有限公司

题　　目：健全项目安全生产管理体系
保证本质安全

分　　类：安全管理类

郭力嘉

所在单位：山东同圆工程管理咨询有限
公司

题　　目：全员懂安全——用好"双体
系"制度

分　　类：安全管理类

任稷豪

所在单位：济南城建集团有限公司

题　　目：如何做好安全教育

分　　类：安全管理类

王福展

所在单位：中铁十四局集团有限公司

题　　目：事故树分析法在建筑工地的
应用

分　　类：安全管理类

李殿君

所在单位：青岛颐金建设装饰集团有限
公司

题　　目：安全培训基础知识

分　　类：安全管理类

孟庆斌

所在单位：济南市市政工程建设集团有限公司

题　　目：安全基础知识培训

分　　类：安全管理类

文添柱

所在单位：中建八局第一建设有限公司装饰公司

题　　目：吊篮日常安全检查要点

分　　类：吊篮类

王　哲

所在单位：中建八局第二建设有限公司

题　　目：高"吊"做事，"篮"而低调做人

分　　类：吊篮类

夏长宇

所在单位：中建八局第二建设有限公司

题　　目：高处作业吊篮安全管控要点

分　　类：吊篮类

赵兴叶

所在单位：万得福实业集团有限公司

题　　目：吊篮安全知识一点通

分　　类：吊篮类

郝兆腾

所在单位：山东天齐置业集团股份有限公司济南公司

题　　目：高处作业吊篮安全管理

分　　类：吊篮类

刘　博
所在单位：中建八局第二建设有限公司
题　　目：非标准性高处作业吊篮的安
全管理
分　　类：吊篮类

耿明凯
所在单位：中铁建工集团有限公司
题　　目：高处作业吊篮
分　　类：吊篮类

王明旺
所在单位：嘉林建设集团有限公司
题　　目：吊篮施工篇
分　　类：吊篮类

苏西康
所在单位：瑞森新建筑有限公司
题　　目：基坑工程简述及安全管理
要点讲解
分　　类：基坑工程类

刘　鑫
所在单位：山东省建设监理咨询有限
公司
题　　目：如何做好基坑工程安全监理
分　　类：基坑工程类

乔鹏飞
所在单位：中建八局第一建设有限公司
题　　目：基坑施工现场安全管控要点
分　　类：基坑工程类

于博洋
所在单位：中建八局二公司
题　　目：如何将深基坑安全事故
　　　　　"拒之门外"
分　　类：基坑工程类

魏传水
所在单位：瑞森新建筑有限公司
题　　目：基坑工程安全管理
分　　类：基坑工程类

董　琲
所在单位：山东省建设监理咨询有限
　　　　　公司
题　　目：基坑施工安全检查
分　　类：基坑工程类

刘　润
所在单位：济南铸诚建筑工程集团有限
　　　　　公司
题　　目：基坑工程安全管理
分　　类：基坑工程类

卢兵兵
所在单位：山东建勘集团有限公司
题　　目：立足动态风险识别　做好基
　　　　　坑安全管控
分　　类：基坑工程类

孟　珂
所在单位：山东三箭建设工程股份有限
　　　　　公司
题　　目：附着式升降脚手架
分　　类：附着式升降脚手架类

李超龙

所在单位：中建八局第一建设有限公司

题　　目：附着式升降脚手架全过程动
　　　　　态跟踪与管理

分　　类：附着式升降脚手架类

宗立威

所在单位：瑞森新建筑有限公司

题　　目：附着式升降脚手架技术特点
　　　　　及安全管理

分　　类：附着式升降脚手架类

王华峰

所在单位：中国二十二冶集团山东
　　　　　分公司

题　　目：附着式升降脚手架安全管理
　　　　　要点讲解

分　　类：附着式升降脚手架类

杨岱青

所在单位：中国建筑一局（集团）有限
　　　　　公司山东分公司

题　　目：附着式升降脚手架应用管理

分　　类：附着式升降脚手架类

徐　超

所在单位：中天建设集团有限公司山东
　　　　　分公司

题　　目：扣件式钢管脚手架搭设标准
　　　　　及观感质量提升措施

分　　类：脚手架及模板支架类

吕志明

所在单位：中国电建集团山东电力建设
　　　　　第一工程有限公司

题　　目：钢管扣件式脚手架规范搭设
　　　　　与安全管理要点

分　　类：脚手架及模板支架类

时洪健

所在单位：中国电建集团山东电力建设
第一工程有限公司

题　　目：扣件式脚手架安全施工管理

分　　类：脚手架及模板支架类

王 军

所在单位：济南铸诚建筑工程集团有限
公司

题　　目：高支模专项方案编制及管理

分　　类：脚手架及模板支架类

王沛然

所在单位：山东三箭建设工程管理有限
公司

题　　目：建筑施工脚手架在实践应用
中的管控重点

分　　类：脚手架及模板支架类

陈 凯

所在单位：中建八局第四建设有限公司

题　　目：消防管理二重奏——GB 50720
"乐曲"精讲

分　　类：脚手架及模板支架类

曹加林

所在单位：济南四建（集团）有限责任
公司

题　　目：承插型盘扣式钢管脚手架技
术安全管理

分　　类：脚手架及模板支架类

段军宇

所在单位：山东省建设建工（集团）有
限责任公司

题　　目：模板支撑体系的安全管理

分　　类：脚手架及模板支架类

孔德宽
所在单位：瑞森新建筑有限公司
题　　目：模板支架安全管理
分　　类：脚手架及模板支架类

闫佳鑫
所在单位：中建八局第二建设有限公司
题　　目："顶天立地"——脚手架，
　　　　　　当如是
分　　类：脚手架及模板支架类

胡晓波
所在单位：山东三箭建设工程股份有限
　　　　　　公司
题　　目：落地双排扣件式钢管脚手架
分　　类：脚手架及模板支架类

桑　园
所在单位：山东三箭建设工程股份有限
　　　　　　公司
题　　目：施工现场消防安全管理
分　　类：施工消防类

党罗瑞
所在单位：中建八局第一建设有限公司
题　　目：防患于未"燃"——施工现
　　　　　　场火灾隐患防治
分　　类：施工消防类

吴晓磊
所在单位：山东天齐置业集团股份有限
　　　　　　公司
题　　目：施工现场消防安全标准化
　　　　　　建设
分　　类：施工消防类

赵飞翔

所 在 单 位：中建八局发展建设公司济南
分公司

题 　 　 目：管好工地这把"火"

分 　 　 类：施工消防类

张金斌

所 在 单 位：中铁十四局集团有限公司

题 　 　 目：居安思危，防患未"燃"——
施工现场火灾应急处置六会法

分 　 　 类：施工消防类

滕一霖

所 在 单 位：中建八局第二建设有限公司

题 　 　 目：一个事故引发的思考——
11·15 上海静安区高层住宅
大火

分 　 　 类：施工消防类

葛宝宁

所 在 单 位：山东天齐置业集团股份有限
公司

题 　 　 目：建筑施工现场消防管理

分 　 　 类：施工消防类

王宝山

所 在 单 位：山东省建设监理咨询有限公司

题 　 　 目：在建工程消防管理的监理工作

分 　 　 类：施工消防类

薛 辉

所 在 单 位：山东涌泉安全科技有限公司

题 　 　 目：现场消防安全管理

分 　 　 类：施工消防类

冯慧民
所在单位： 山东同圆工程管理咨询有限公司
题　　目： 施工消防防火管控要点
分　　类： 施工消防类

魏俊花
所在单位： 山东天拓建设有限公司
题　　目： 隐患险于明火，消防重于泰山
分　　类： 施工消防类

王　超
所在单位： 中建八局第二建设有限公司
题　　目： 施工升降机安全检查要点
分　　类： 施工升降机类

赵德勇
所在单位： 济南四建集团机械设备有限责任公司
题　　目： 施工升降机安全管控要点
分　　类： 施工升降机类

鲍庆振
所在单位： 山东天齐置业集团股份有限公司
题　　目： 起重机械红线
分　　类： 施工升降机类

赵孝春
所在单位： 中建安装集团有限公司
题　　目： 施工升降机的安全检查
分　　类： 施工升降机类

赵衍科

所在单位：济南铸诚建筑工程有限责任
公司设备租赁分公司

题　　目：施工升降机安装安全管理

分　　类：施工升降机类

刘书军

所在单位：山东建工设备租赁有限公司

题　　目：塔机安全管理管控要点

分　　类：塔式起重机类

赵龙辉

所在单位：山东中建众力设备租赁有限
公司

题　　目：塔式起重机安拆管理

分　　类：塔式起重机类

王兆田

所在单位：山东省建设建工（集团）有
限责任公司

题　　目：塔式起重机施工安全管控

分　　类：塔式起重机类

朱增国

所在单位：山东鼎浩祥起重设备安装有
限公司

题　　目：塔式起重机的进场施工安全
管理——实战篇

分　　类：塔式起重机类

张安山

所在单位：中铁十四局集团第一工程
发展有限公司

题　　目：塔式起重机安全管理

分　　类：塔式起重机类

王　涵
所在单位：中建八局第一建设有限公司
题　　目：塔式起重机安装管理"指导书"
分　　类：塔式起重机类

李务亭
所在单位：山东中诚机械租赁有限公司
题　　目：塔机安全管理的三控制
　　　　　　六措施
分　　类：塔式起重机类

刘顺卿
所在单位：济南四建集团机械设备有限
　　　　　　责任公司
题　　目：塔式起重机安全自检
分　　类：塔式起重机类

孙恒琪
所在单位：中建八局第一建设有限公司
题　　目：动臂塔机简介
分　　类：塔式起重机类

唐启航
所在单位：中建八局第一建设有限公司
题　　目：三步教你管好吊索具
分　　类：塔式起重机类

马贺运
所在单位：山东中诚机械租赁有限公司
题　　目：塔式起重机安全检查速成课
分　　类：塔式起重机类

黄厚鹏

所在单位：山东中诚机械租赁有限公司

题　　目：塔式起重机技术质量控制

分　　类：塔式起重机类

骆祥祯

所在单位：中建八局第四建设有限公司

题　　目：塔式起重机安拆安全管理

分　　类：塔式起重机类

米　超

所在单位：济南城建集团有限公司

题　　目：起重作业前安全检查

分　　类：塔式起重机类

安鹏兵

所在单位：山东汇通建设集团有限公司

题　　目：起重吊装作业的安全与管理

分　　类：塔式起重机类

李克然

所在单位：中国电建集团山东电力建设
　　　　　第一工程有限公司

题　　目：塔式起重机安全管理——现
　　　　　场检查要点

分　　类：塔式起重机类

丁翊国

所在单位：中铁建工集团有限公司

题　　目：塔式起重机

分　　类：塔式起重机类

闫江涛

所在单位：中建八局第一建设有限公司

题　　目：高处作业安全专项培训

分　　类：高处作业类

苏士超

所在单位：山东三箭建设工程股份有限公司

题　　目：建筑施工高处作业的基本介绍

分　　类：高处作业类

孙天坤

所在单位：中建八局第二建设有限公司

题　　目：一小时搞懂如何预防高处作业事故

分　　类：高处作业类

牛　顺

所在单位：瑞森新建筑有限公司

题　　目：高处不胜寒——安全防护御高处作业之"寒"

分　　类：高处作业类

包鹏程

所在单位：山东省建设建工（集团）有限责任公司

题　　目：高处作业安全管理培训

分　　类：高处作业类

武　佳

所在单位：中国建筑第五工程局有限公司山东分公司

题　　目：保驾护航，如何做好高处作业安全管理

分　　类：高处作业类

李春光

所在单位：天元建设集团有限公司

题　　目：高处坠落事故的预防

分　　类：高处作业类

李昌书

所在单位：中建八局发展建设公司济南
　　　　　分公司

题　　目：高处作业安全培训

分　　类：高处作业类

肖　亮

所在单位：中国二十二冶集团有限公司

题　　目：高处作业管理要点

分　　类：高处作业类

陈云涛

所在单位：济南一建集团有限公司

题　　目：演绎高处作业安全三部曲
　　　　　奏响作业人员生命安全歌——
　　　　　高处作业事故预防要点

分　　类：高处作业类

李　虎

所在单位：济南长兴建设集团有限责任
　　　　　公司

题　　目：高处作业安全培训

分　　类：高处作业类

向　洁

所在单位：山东中恒建设集团有限公司

题　　目：高处作业需谨慎安全防护你
　　　　　我他

分　　类：高处作业类

宋　飞
所在单位： 济南二建集团工程有限公司
题　　目： 高处作业的管理与高处坠落
　　　　　事故的预防
分　　类： 高处作业类

崔松松
所在单位： 中建八局第一建设有限公司
题　　目： 临时用电安全管理
分　　类： 施工用电类

陈　耀
所在单位： 山东省建设建工（集团）
　　　　　有限责任公司
题　　目： 施工用电安全管控要点
分　　类： 施工用电类

王怀增
所在单位： 济南一建集团有限公司
题　　目： 临时用电常见安全隐患及
　　　　　预防措施
分　　类： 施工用电类

刘　强
所在单位： 中建安装集团有限公司济南
　　　　　分公司
题　　目： 施工用电安全管理现状及
　　　　　对策
分　　类： 施工用电类

王海超
所在单位： 中建八局第二建设有限公司
题　　目： 驱患策电 施工现场临电
　　　　　安全管理
分　　类： 施工用电类

陈洪影
所在单位：济南城建集团有限公司
题　　目：临时用电安全管控要点
分　　类：施工用电类

成象捷
所在单位：青岛颐金建设装饰集团有限
　　　　　公司
题　　目：装饰工程施工用电管理
分　　类：施工用电类

陈国磊
所在单位：山东省华一建设项目管理
　　　　　有限公司
题　　目：施工现场安全临时用电
分　　类：施工用电类

曾广宇
所在单位：中国电建集团山东电力建设
　　　　　第一工程有限公司
题　　目：施工用电安全技术规范
分　　类：施工用电类

赵自云
所在单位：瑞森新建筑有限公司
题　　目：施工用电
分　　类：施工用电类